知りたかった本質へのアプローチ

本当は私だって数学が好きだったんだ

長岡亮介

技術評論社

謝辞

本書をまとめるにあたり，講演を開催してくれた組織の責任者の方に深く感謝する。本書掲載順に，

- 津田塾大学同窓会
- 東京私学教育研究所
- 学研エデュケーショナル
- 特定非営利活動法人 TECUM
- 東京理科大学

である。

なお，以上の原稿がこの形をとることができたのは，ひとえに，講演の音声を丹念に文字に変換し，著者のひどい原稿を書籍に耐えるレベルにするために校正，編集に尽力してくれた技術評論社の成田恭実氏のご努力による。とりわけ講演の臨場感を読者が共有してださったなら成田さんのおかげである。

2020年10月10日

亡き母の誕生日に　長岡亮介

はじめに

筆者は約一年前に，『数学的な思考とは何か—数学嫌いと思っていた人に読んで欲しい本』という，いかにも偉そうな響きのある表題の講演集を上梓したが，そのときに，筆者の公式，非公式の講義，講演，ゼミ等に多く参加なさり，極めて多くの「材料」を用意なさっていた。担当編集者の成田恭実氏は，本書の原稿までほぼ完全に整備していらした。後は筆者が，話題の重複を避け，講義や講演には付き物の「雑談」を減量するという作業をするだけであったが，年齢を経るごとに進行する視力と体力／集中力の低下の他に，世界中が「新型コロナウィルス感染症」(当時はCOVID-19, 今はSARS-Cov2感染症）の猛威に振り回されている最中，筆者には，運動不足に伴う骨粗鬆症に由来する圧迫骨折という「事件」が起こり，編集作業の中断を余儀なくされた。

謝辞に書いたように，本書は5つの全く異なる聴衆に対する異なる種類の講演を元にしている。すなわち，

- 大学を卒業しても学生時代の精神を忘れずに知的に歩むための生涯学習の講習会として

- 多様な立場におかれ様々な悩みを抱える私立学校教諭の実践的な指針となる数学研修のため
- 普段は離れて活動する学習塾の指導者が遠く未来を見据えた実践者となるための研修として
- リフレッシュ講座教員免許更新講習の講義の一つに組み込まれた「数学史と数学教育」を主題として
- 数学科大学院卒の若い人に対する初等幾何という現代の数学教育の抱える深刻な問題についての数学的／歴史的な特別講習会として

行なったものであるから，趣旨がそれぞれ大きく違うが，全体としては，論じているのは，結局のところ，筆者がしばしば近しい人に話している，最近の数学教育の問題点とその解決のための具体策を目指す前提条件についての考察である。

第1章は，筆者がなぜ数学教育に接近して入ったかの自分史であるので本書全体の基調を知るのに役立つであろう。第2章は，東京都私立学校の先生に向けて，少子化の波のなかでの浮足立つスタイルの教育とは対照的な，しかしより効率的なスタイルの学習への転換を提起したものである。第3章は，いわゆる塾のベテランの先生方に向けて，成績の向上という日常的課題を離れ，長期的な視野で生徒の指導にあたることの数学的な意味を考えようとしたものである。第4章は，懐古趣味と敵愾心の両極の中で現在は空洞化してしまっている，いわゆる初等幾何教育の抱える問題を数学史を踏まえて包括的に論じたものである。第5章は，免許更新の時期を向かえる現役の先生に，数学を教えることの根源的な意味を考えてもらうための材料として数学史の有効性を主題として実践的に論じたものである。

本書では，前著で多く論じた，数学についての世間一般の《素朴な誤解》ではなく，広い意味で現代数学を経験し，今は数学教育を職業とする方々の間にもある《高度な誤解》に焦点を当てている点で大きく異なってはいるものの話題に重複がまったくないとは言えないことは講演集と言う趣旨からお許しいただきたい。

以上のような意味で，本書の5つの章の講演録は，《数学の知識が増えるほどに深まる数学の魅力の再確認》が全体に共通の主題であると言えようが，それをまとめて書籍化することで，本書の表題にあるように，「本当は数学が大好きになることができたはず」の多くの人々に，《自分の中に眠っていたまま埋もれてしまった可能性》に気付き，数学教育における教師のもつ重大な影響力と，それゆえに大切にすべき優れた数学教師に対する敬意，学理的な研鑽を忘れて平気な日々の授業をこなすことで満足しているベテラン教師の陥りやすい罠を真摯に受け止めて，良い教師がより活躍できる社会となるように日々配慮するとともに，ご自分自身も，“良き数学教師のように”他人に接する際にその人の中に眠る可能性につねに注意するようにして欲しいという願いにつながることを期待している。

10月10日亡き母の誕生日に

長岡 亮介

謝辞 2
はじめに 3

第1章 長岡と数学教育との出会い 11

はじめに 13
津田塾大学同窓会でのお話しをはじめるにあたり 15
当時の私の担当授業科目 16
私の研究室での卒業研究（ゼミ）の思い出 19
今もって笑ってしまう印象深い思い出 21
数学科卒業生への期待と多くの「未知との遭遇」 21
私と「数学教育」との最初の出会い 23
私の「数学教育」へのより本格的な接近 24
大東文化大学へ 33
放送大学時代へ 41
日本への絶望と野心，そして明治大学へ 44
現代数学と学校数学 49
現代数学と学校数学の間に存在すべき緊張関係 65
まとめにかえて 69

第2章 数学の魅力と威力―魂に働きかける数学の不思議な力 71

はじめに 72
数学が嫌われる現象を原点から考える 73
数学が嫌われやすい理由 79
私立学校ならきっとできること 86
初等数学にある簡単でちょっと高級な話 111
公立 vs. 私立 116
大学入試センター試験対策の愚かさについて 129
美味しい数学に向けて 131

第3章　21世紀を生きる本当の力をつける数学教育 —— 141

はじめに 142
21世紀を生きる本当の力をつけるための教育＝数学教育 143
数学教育における温故知新の大切さ 143
時代とともに変わる教育の意義 152
21世紀社会の数学教育 172
大人の責任＝教育の責任 183

第4章　「幾何」という数学のもつ多様で深い教育的意義について —— 219

はじめに 220
歴史的に考える 221
これまでの日本の幾何教育 244
日本の幾何教育の未来 248

第5章　常識だけでは通用しない数学教育 —— 255

前書きに代えて—子どもと大人 256
算数と数学 256
日本の子どもたちの数学力 257
こんな数学教育は要らない？ 258
近世以降の新しい数学教育の価値 259
現代という時代 262
現代という時代における数学教育の見えにくい価値 264
現代における数学教育の根底的な見直し 266
現代における数学教育の安易な見直しの陥穽（かんせい） 267
高学歴社会論の見落としている重大な点 268
大衆化時代の数学教育という問題に誠実に答える前提条件 270
数学教育の短い歴史が教える惨事を踏まえた再出発 272
数学史が数学教育に与えるヒント 273
数学教育に科せられている期待 277

安易な数学史への逃亡を慎みたい 279
少し分かっている人の考えについて 280
おわりに 312

終わりにあたり 313
著者紹介 318

本書を作成するにあたり，次の方々にご協力いただきました。
この場を借りて心より御礼申し上げます。
どうもありがとうございました。

●第 1 章　長岡と数学教育との出会い
津田塾大学同窓会

●第 2 章　数学の威力と魅力─魂に働きかける数学の不思議な力
東京私立中学高等学校協会 東京私学教育研究所

●第 3 章　21世紀を生きる本当の力をつける数学教育
株式会社　学研エデュケーショナル

●第 4 章　「幾何」という数学のもつ多様で深い教育的意義について
TECUM の理事会を中心とする方々

●第 5 章　常識だけでは通用しない数学教育
東京理科大学教員免許更新講習「数学リフレッシュ講座」

株式会社　技術評論社 書籍編集部

第1章

長岡と数学教育との出会い

以下は，津田塾大学の同窓会で行った講演をもとにしたものである。教員としての「経験」だけで数学教育の抱える深刻な問題は分かっていなかった頃を振り返る話として，本書の読者の皆様とも事前に共有しておきたいと思い，ここに収録させていただく。

同窓会理事の講演会担当責任者：私は数学科でもなければ先生の講義は一度も聞いたことがないんです。どうして先生にこの講義をお願いしたかといいますと，私が入学したのは1979年で卒業したのが83年なんです。一番影響を受けたのが数学科の先生でした。先生はそのときからスーパーヒーローでいらしてとっても人気があったんですが，一般教育でも先生の授業を聴くという機会には恵まれませんでしたので，ぜひ一度聴きたいとずっと思っていました。先生は人気もおありだったので，同窓会主催者のこの会への集客にも困らないかなという期待がありました。

そして知り合いの20歳くらい年下の方がうちへお見えになって，先生の講義を駿台予備校で聞いたらしいんですね。長岡先生が，私が行っていた学校で先生をしていたんだと言うとすごいですねって言っていまして，私より20歳も年下の人たちがまだ先生の授業を聴いてそれだけすごいっていってくれる，その感想というのかな。私もいま教職をやっていて教えているのは英語なんですが，今回先生の勉強会で，先生の講義を聴いて，その秘訣というかコツというか何か盗めたらいいなと思ってこの勉強会を企画しました。今日は本当にたくさんの同窓生に集まっていただいて本当にうれしいです。ありがとうございます。それではどうぞよろしくお願いいたします。〈拍手〉

はじめに

今のご紹介にふさわしい人格者でないことは数学科の私のゼミの諸君はよくご存知だと思いますし，私は私の講義などをすごく楽しく思い出してくださる卒業生がいるのは本当に光栄なことですが，そのための講義の秘訣とか，英語でいえば magic wand を持っているというわけではございません。私の場合は，たまたま私のうしろに《数学という女神》がついていたということで，その女神のおかげでいろんなことができてきたのだと思います。ここでは，津田塾大学の英文科，国際関係論という大きな学科に挟まれ，その中で小さく生きていた数学科，今はより大きな学科になっていると聞きますが，そこを出たみなさんに，ぜひ数学科を出たということを誇りに今後もますます元気に生きていってほしいという願いを込めてこういうタイトル（「現代数学という思想」）の話をしたいと思っています。

最初にお話し全体の概要ですが，まず，津田塾大学時代を振り返って，昔の思い出話を少ししたい，より正確には，それにプラスすることの若干の懺悔の気持ちをこめて思い出をお話したいと考えています。次には，私が津田塾大学時代に経験していた数学教育とは幾分違う，より広い意味での数学教育との，より本格的な出会いについて，です。皆さんの中には現在も学校教育に携わっていらっしゃる方，数学教育に限らずいらっしゃるかと思いますが，この“教育という業界”との出会いで私が学んだこと，これについて簡単に話したいと思います。これは私にとっては驚くことの連続でありました。

そして次に，大東文化大学時代です。津田塾というあのすばらしい職場を放棄してわざわざ他のところにいったのかと訝しがる友人たちも大勢いましたが，昔の友人との友情というか義理で降って湧いた情報センターの所長という仕事をしなければならなくなったときに見えた世界，あるいは素晴らしい理想の教育に教員が燃える，そういう津田塾にいたのでは見えなかった世界，その世界のことについてお話したい。

そしてその次は，放送大学の話です。皆さんの中には私のテレビの授業，ラジオの授業を聴いてくださった方がいらっしゃるかもしれませんが，そこで初めて理解できたことについてお話したい。

そして最後に，明治大学に移りまして，初めて見えたことについてお話します。

こういうようなことを通じて全体として数学という世界の魅力，特に現代を生きる者にとっての思想の基盤としての数学の意味についてお話したいと思います。ですから数学科を出なかった，例えば英文科の卒業生のみなさん方は，なんで自分は数学科にいかなかったのかしらときっと後悔なさると思います。それくらい数学はすばらしい。たとえ数学が分からなかった人にとってもそうである。そういうお話をしたいと思うわけです。

津田塾大学同窓会でのお話しをはじめるにあたり

お断りしなければならないんですが，これは同窓会の勉強会という趣旨だったので，当初は「現代数学についてのお勉強」的なものを少し考えておりました。しかし，その数学には思想的側面と，これとは対照的な技術的な側面，我々が呼ぶところのものがあって，それらはともに数学の重要な一部ではありますが，昔々数学の技術的な話題で苦しんだかもしれない，そういう方が皆さんの中に存在するかもしれないと思いまして，あえてそういう話題は避けてお話しします。いずれ，数学の技術的な側面について，数学科のジャーゴンをお許し頂ければ「ゴリゴリと」昔を懐かしんでお話する機会もできるかもしれません。今日の会に数学の勉強に燃えてきた方が皆さんの中にもしいらっしゃったら，本当にごめんなさい。

当時の私の担当授業科目
── 数学史から科学史，数学，etc. について

私が津田塾に最初にいったのは，大学院を終えて，そのあとしばらくして，結核にかかり，専門の療養施設で闘病するんですが，その退院が８月くらいでしたが，その12月末に最初に津田塾大学に集中講義で行きました。今だったならば「肺結核から回復したばかりの元患者が！」と大騒ぎになるところかもしれませんね。その翌年４月から津田塾大学で教えさせていただくということになりました。まだゼミをもっていなかったので，いわば私にとって０期生の人だけですが，単位にならない自主ゼミも毎週やりました。

津田塾大学では私はご紹介にありましたように，一般教養で科学史，数学科では数学史，それが私の主要な担当科目でした。ときどき文科系の人のために，あるいは数学科の低学年の人のために，教養的な数学とか，ときどき教養的な思想史，こういうものも担当いたしました。そういっても，数学史に関しては私自身はいわば数学史の専門的な教育訓練を受けた人間でありましたが，逆にいえば，数学史のほかにはそのための教育の経験も訓練も全然なかったんです。

数学史の講義についてはその専門家になるための入門的な話が中心でありましたが，それは単に私がそれしか知らなかった

り，それ以外の経験がなかったからです。そういう私の狭い数学史の授業を聞いた皆さんには，ごめんなさいと謝るしかありません。今は，多少なりとも幅が広がってきて，もう少しまともな講義ができるようになってきたと思うんですが，昔は自分の専門のごく近傍しか分かっていませんでした。大学院を出たての青臭い研究者の一人であったわけです。昨年（2016年），友人と一緒に津田塾大学の講義で使ったもののほんの一部にすぎませんが，それを書籍にまとめました。『関数とは何か～近代数学史からのアプローチ～』（近代科学社，ISBN978-4-7649-0459-0）ですが，市場で大歓迎という趨勢には遠く達していない。それは平均的な市場の水準からこの内容が乖離しすぎていてこの本を多くの人が読んで理解できないからでしょう。津田塾大学のときの講義の反省が生きていないというか，時遅しではありますが，津田塾大学の授業の強引さがこの本に反映しているわけです。

科学史に関しては，英語のレッスンのような変な日本語表現になり恐縮ですが，数学史よりは「より少なく専門家」でありましたので，私としては個人的な関心とは別に，当時の科学史として最先端の話題を提供したつもりでした。そのため，講義としても数学史よりは多少なりともまともだったんじゃないかなと思います。

科学の発展は漸近的な進歩かそれとも革命的な飛躍である

か，これは20世紀の科学史の最大の問題提起であったんですが，今では，これは人文系の方々の世界ですら常識となっているいわゆる『パラダイム論』です。これを先取りして講義していたわけです。

もう一つは，自然科学はなぜ東洋ではなく西洋で成立したのか，という人類史の深い謎に関してでありました。これを巡って自然科学研究への目覚めが，古来は古代ギリシャ世界に，しかしより身近にはそれを吸収し発展させた中世イスラム文化を通じて学んだラテン西欧の神学者たちの間の研究にあり，それが近代のルネッサンスの本質であったんだというような講義をしておりました。伝承と交流を通じた文化の変容と発展の問題です。また，現代の，何でも量で測る，たとえば学力などまで偏差値という数で測ることができる，という計量主義的あるいは数量的な世界観の形成に，中世神学の『質の量化理論』が思想史的な大転換であった，などというお話もしました。これも当時としては最新の知見はありました。

しかし，前提として必要な知識がない若い学生には実に小難しい話だったかもしれず，わけが分からんと思われたのではないかと思います。それでも津田塾大学の最も大きな教室で多くの学生諸君が，少なくとも私の目には熱心に聴いてくださいました。少し無茶な講義であったと思います。わけが分からなかった学生の皆様にも，もう謝るしかありません。ゴメンナサイ。

私の研究室での卒業研究（ゼミ）の思い出

それからもう１つ津田塾大学で反省しなければならなかったのは，ゼミでありましてこのゼミを通して皆さんにかけた迷惑はかりしれないと思います。何を主題に勉強するか，普通は学生と一緒に相談し学力と学生の希望を聞いて決めるわけですね。私は今はそうしておりますが，当時はそういうことを一切無視してやっていました。最初の年はルベーグ積分理論の形成史であったと思います。リーマン積分も十分には分かっていない学生に対してルベーグ積分について教えるというのは無謀で無茶な話でありましたが，確か私は最初の学年のテーマはまさにこれだったのではないかと思いますね。

学年の順番は鮮明に覚えていないんですが，ルベーグ積分に関してはもう一度取り上げたと記憶します。

それからもう少し大衆的なものとして，学校の先生になる人もいるということで，最小限の常識として，微積分学の形成史を主題にした年もありました。

反対に，変分法という歴史的に重要な，しかし現代ではほとんど忘れ去られてしまっている，私からみると，人生で一度は接しておきたい数学の重要なテーマを主題としたこともありました。

それから，私自身が自分が専門として勉強し，論文を書いた集合論の形成史，これについてやった年もありました。

それから，抽象代数学，いまなら，「群」「環」「体」という抽象的な代数構造だけの公理主義的な数学の理論の形成史です。こんな不思議な数学がいったいどういうふうにして形成されていったのか，といった話ですね。

それから代数や解析という数学の本流の話ばかりじゃだめだと思いまして，射影幾何や位相幾何などといって発展的に解消されてしまった17世紀，18世紀から19世紀初期までの近代幾何の形成も主題とした年もありましたね。

また，今後の数学と数学教育の新しい規範を念頭において，私自身は余り強い興味をもっていなかった確率論・統計学の成立を主題としたこともありました。

コンピュータ業界に就職する卒業生が多い学年には，「数値解析」の歴史，ある意味でコンピュータの歴史でもありますが，それを主題として取り上げたこともありました。

あとは大学院の方の話になりますが，「コーシーの微積分法の厳密化の起源」であるとか，あるいは「超関数の形成史」についてもやりました。私にとっては非常に充実した約10年間であったと思います。院生の修士論文では，当時は，国際的にも未解読のCauchyの原論文の解読などを中心的なテーマとして選んで論文をまとめてもらいました。

今もって笑ってしまう印象深い思い出

津田の楽しいゼミの思い出の中で，最も忘れられないのは，ある学生のとんでもない翻訳の例です。compensation of errors という洒落た表現でしたが，これを，今は外資系のコンサル企業で大活躍しているある学生が，“過ちの償い”って訳したことです。これは部分的には英語的には正しいのかもしれませんが，数学的には全くナンセンスで，数学者はしばしば誤りを犯すけれども，「過ち」を犯すわけじゃないしその誤ちを償わなければならないわけでもありません。“近似”すると“誤差”が生じる，ということは良くある話ですが，二重の近似でできた誤差と誤差が互いに打ち消し合って，誤差のない結果が生まれるということだったのです。

近代数学という偉大な発見が，誤謬(ごびゅう)が打消しあって結果として正しい結果が見つかったということの文学的な表現を“過ちの償い”と訳した学生がいて，大笑いしたのは忘れられない思い出です。

数学科卒業生への期待と多くの『未知との遭遇』

私が津田塾大学の数学科学生諸君にどういう期待と希望を

もっていたかというと，現代数学に多少躓いている人も，現代数学の圧倒的な高尚さに対して受動的な拝跪(はいき)を強いられて終わらないでほしい，現代数学と高校数学の間には多様な関係，歴史的な関係，論理的な関係，いろいろありますが，歴史的なアプローチを通じて現代数学への能動的な態度を身に付けてほしい，そういう願いでした。

私の願いは言い換えれば，日本社会の制度，文化，慣習などへの屈服を強いられている女性も現代社会の変革に向けて能動的な態度を身に付けてほしい，いってみれば私自身の学生時代の学生運動と連続的なつながりがあったわけです。津田梅子先生の理想に共感をしたというよりは，自分自身の学生時代の自然な延長でそういうふうに考えた。あとになって考えてみれば津田先生の非常に先駆的な思想とも共鳴するものがあったんだと思います。

しかしこれは根本的には私の一方的な誤解でした。学生諸君の中には，現代数学が全く理解できなくても，その理由が現代数学の高尚さにある，そんなふうには全く考えないで，反対に「私は xx が嫌い！」の一言で済ますんです。「xx」には，代数とか解析のような数学の分野の名前が入ることもあれば，担当する教授の名前が入ることもありましたが，たった「嫌い！」の一言だけで済ます，そういう「強固な自我」と「不敵な自己肯定感」それを持つ人が多く，私には，それがなんともバカげているように映ったんですが，と同時に大変まぶしく映りました。この人たちはすごいなと。何を根拠にこんなに自信を持っているんだろう，そういうふうに感じたものであります。

学生諸君には，そういう「根拠のない自信」は限りなく危険であるとことあるごとに「警告」していましたが，本当に警告されていたのは私の方だったような気もします。津田にはそういう本当に素敵な経験がありました。本当はもっともっと謙虚に私が学ぶべきだった，もし謙虚に学んでいたならば，私のその後の人生ももう少しまともなものになったに違いないと思います。

私と『数学教育』との最初の出会い

以上が津田塾大学時代のことで，これを通奏低音として以下のお話をしたいと思うんですが，いわゆる「教育」との出会いに関しては，私はかなり若い時分から実践的な教育には何かと関わってきたのですが，ここでお話ししたいのは，「プロの教育の世界」との関わりに関してです。実践的には，最初に大学1年生になったときに，静岡にある『実力増進会』（通称Ｚ会）という通信添削の会社から通信添削の仕事を自ら引き受けてずいぶん頑張って仕事をしました。その仕事を通じて，若い人が数学が分かるとか数学が分からないという一番大切なことについて，根本的には分かっていないことが多い，ということに初めて気付きました。同じ頃に家庭教師もしたんですが，家庭教師というのは責任は重いのですが，時間給がいいので，私も随分何人もの家庭教師をしました。私自身は私なりに一生懸命やったんですが，それで成績が大幅に向上する人はほとんどいませんでした。家庭教師というのはやっぱり先生の問題ではない。いまでも本当につくづくそう思います。因みに，個人教師塾が増えている日本の現状は，私からみると，とても悲惨な未来に子どもが一斉に突き進むハーメルンのPied Piper伝説のようです。

私の『数学教育』へのより本格的な接近

東大学力増進会，『大学への数学』，駿台予備校

私は，大学3年生の頃から『学力増進会』（略して『学増』），もうつぶれて幾久しいので，この名前は若い皆さんは知らないと思うんですが，形式上は東大の学内サークル『東大学力増進会』で，いろいろな私立学校の教室を借りてそこに中学生を集めて講習会をやっていたわけです。春の学校，夏の学校，秋の学校，冬の学校と年に4回あって，要するにいつも休みのたびに開かれる。本当にいろいろな中学生がいて，好奇心旺盛な彼

らに対して，好き放題の「教育」を行いました。数学だけでなく，英語も国語も教えました。東大の中でもそれぞれの学科の素養を元に教育に熱心な精鋭のメンバーが合議に基づき時間をかけて教材をつくっていたこともあり，レベルはかなり高級でしたが，難易というより教材そのものに知的な雰囲気に満ち溢れていて楽しく教えました。

私にとって学増はともかくとっても楽しかった。家庭教師みたいに責任を負わされると教育は気が重くなるんですが，無責任だと教育ほど楽しいものはない。「子供はかわいくないが孫はかわいい」というのと似た原理だと思うんですね。学力増進会は私に『天下の秀才を集めてこれに教育するは君子の三楽なり』という言葉を実感させてくれました。いまとなっては実に楽しい経験でありました。いまは各界で活躍している人も多いと思います。

私は中学生に絶大の信頼を得る人気講師の一人として慕われるという経験を通じて，《魔力のような教育の魅力》を実感し，「教育に飲みこまれると人生を過つ」という先人の言葉を実感しました。そんな言葉を胸に，思い切って，学増を辞めた頃，これまでの成果を問題集にまとめ，東大学力増進会編という匿名形式で５教科の問題集を出版しました。５教科のまとめ役がシリーズ名として『数学の実力ぐんぐん』『数学の難問すいすい』という書名をつけてくれました。これは指導要領の改訂を超えて，ずいぶん長い期間版を重ねました。私の名前が書籍のどこにも出ていないので，永く絶版にも関わらず，いまだに古本はかなり安く購入できます。

それから大学６年生，普通の人は大学は４年で終わるんですが，私は当時の世代に共通の，ある事情で６年間大学に行きました。そのころ私の指導教授を引き受けてくださったのが，藤田宏先生でした。藤田先生とはいまだにおつき合いいただいているのですが，大変お世話になりました。その一つが藤田先生が学生の頃に最初にお書きになっていた『大学への数学』（研文書院，当初は『東大への解析』のようなタイトルであったと聞いています）という参考書に関して，「君，救対資金も必要でしょうから，手伝いなさい」との一言で，学習指導要領の改訂に合わせて，検定教科書の記述や学校教育の現状に満足できない高校生，受験生のために，数学の高い立場から俯瞰する原稿を書くという仕事を任されました。最初の原稿は，「数の構成」（今風に言えば「数の拡大」）という章で，例えば加法の結合法則と呼ばれる主張が，証明を要しない，単なる公理なのか，あるいは別の公理から演繹できる定理なのか，それともしばしば教科書に書いてある，公理でも定理でもない「性質」なのかという類の議論を数学的／数学史的／哲学的立場から延々と論じたもので，良くできる受験生，高校生に読んでもらう原稿としても「使い物にならない」代物（しろもの）で，ボツになりましたが，私が張り切って書いたことを察してくれた藤田先生は，『数学セミナー』（日本評論社から刊行されている数学雑誌）にもって行きましょう」，といってくださいました。もちろん，「数学セミナー」の読者にも向いているとは私自身も思っておりませんでしたので辞退しました。

この原稿作成作業がきっかけになって大学院の１年生，つまり修士課程の１年生，あるいは博士課程の１年生だったかもしれません，詳しくは覚えていないんですが，駿台予備校というところで教え始めました。古き良き時代で，藤田先生の学生時代からの親しい友人で『大学への数学』の共著者でもあり，駿台予備校の数学責任者であった中田先生が「長岡君の実力は僕が保証する」のひとことで採用が決まりました。筆記試験や模擬授業などの採用試験があったら，決して受けようとは思わなかったでしょう。当時，私は翻訳（主としてフランス語とロシア語）の仕事で「売れっ子」でしたので就職のために妥協して「頭を下げる」必要がなかったのでした。

予備校というシステム自身は全く分かっていませんでしたが，毎時間，２問ほどの数学の問題を解いて解説するだけの授業なので，私自身は時間が余りすぎて困りそう，などと考えていたのですが，その際，Ｚ会での経験が生きました。本人が分かっているつもりでも全く分かっていないということがあるということを徹底的に明らかにするというアプローチです。それ以外のほとんどの時間は「つまらない解法の技巧の，うまい／下手よりも，問題の意味，解法の核心を理解することこそ大切だ」という数学的雑談で「数学を教えていた」つもりなのですが，今から見ると，当時の，今から見れば遥かに厳しい受験環境の中で懸命に頑張っている若者には，この数学的には当り前の教え方が新鮮だったのかもしれません。すぐにいわゆる「人気講師」として注目され，これには自分自身が一番驚きました。

学力増進会や駿台予備校は，基本的に「1：多」型の教育，学力増進会の場合は，1人の先生に対して1クラス50人くらい，駿台予備校は1人の先生に対して，多いクラスでは300人以上でした。そういう「1：多」の教育は，家庭教師が苦手な私には，比較的向いていたみたいで，この時代のことを，今も懐かしく思ってくれる，今は中年とか初老にかかった紳士，淑女の卒業生がたくさんいます。特に，異様な医学部ブームの時代だったこともあり，おかげで今はどこの病院に行っても大切に扱って頂いています。

数学教育の研究班，検定教科書，そしてラジオ講座と

より深く数学教育に関わることになるのは，やはり，藤田宏生のお薦めとご推薦で，文科省の大型の研究費で長く継続して来た数学教育の研究班（「秋月班」「彌永班」「河田班」と続いて来て当時は「藤田班」）にメンバーとして加わったことでし

た。「数学」に立脚点をおきながら善意の立場から「数学教育」に深い関心を寄せる数学者と，「数学」への関心からは意識的に独立して「数学教育」自身を専門とする行政畑の人を含む数学教育専門家の方々との，その後に続く長いおつき合いを頂くことになりました。

当時の私は，「学習指導要領の改訂」は，年中行事のように繰り返されているものの，本当は不必要なものに思っていました。格別に不合理な点があれば修正は必要でしょうが，そうでないなら，特に改訂する必要はないと思っていたのです。しかし，この研究班に入って，学習指導要領の改訂には，それを貫く「思想」がそれなりにあるということを知りました。そして，「より良い指導要領」の実現に向けて，私でもできることがあれば，と思っていたことは事実ですが，やがて気づいたのは，すべての学習指導要領の改訂が「善意」—ここで，かっこつきの善意であることが大切です—で行われるものの，行政の意識決定過程では，このかっこつきの善意ほど悪いものはない，ということでした。「善意」が結果として悪意以上に災厄になることがあるということを学びました。私はこれを『数学教育の弁証法』と呼んで１人で面白がっているんですが，善意が実は悪意以上に深刻であるという場面が本当に存在することを初めて学びました。

そして，またしばらくして，藤田宏生のお薦めとご推薦である教科書出版社の，文科省の学習指導要領という法律的規準に準拠した検定教科書の編集委員という仕事をやることになりました。ほとんど同じ頃，旺文社の「ラジオ講座」にも携わることになりました。研究班での私の発言／活動と駿台予備校での私の活動のうわさが関係していたんだと思います。

正直に告白すると，これらについてはそのいずれにも，個人としての私には，もともと純粋な関心事ではありませんでした。学生を直接相手にした教育は大事だと思っていましたが，学生と間接的に関わる教育については個人的には縁のない世界であると思っていたということです。しかし，このいずれもが，私にとってはとても良い勉強の機会になりました。

検定教科書に関して言えば，私自身が勉強した頃は，教科書は下手な参考書よりは多少ながら読みものとしての趣きがあり，学校より先に進んで「自分で読む」ことはときどきありました。他方，本文の記述以外はつまらない問題が羅列されているという印象で，ほとんど記憶にありませんでした。

唯一面白かったのが，私自身の頃の教科書には，巻末にあった「補充問題」という章で，そこだけは楽しかったという思い出が鮮明に残っています。今から思えば大学入試問題をアレンジしたものに過ぎなかったようですが，その後，文科省から，「本文と直接関係のない入試対策用」という烙印を押され絶対削除の検閲対象となってすっかり姿を消してしまいました。

そのような昔の偏った思い出だけがある教科書が，まるで，編集委員の立場になった時点で中身をみると，数学的なストーリのない，単なる「基本問題集」のようになり果ててしまっている，という驚愕の現実でした。「問題を解かされる生徒の気持ち」になって作られているといえば聞こえは良いのですが，数学で大切なのは，解けるに決まっている「練習問題」の解き方の親切そうな解説ではなく，問題や解答の背景にある数学的な意味であるのに，そういう点についての配慮が全くないといって良いほど欠落していることに心底驚きました。さらに，驚くべきことに，そのような安っぽい問題集のような教科書ほど良く売れるという話を聞き，戦後日本資本主義の「成長」の中で様々な理由で起こった，悲惨で非道な事件を思い起こしこれほどに進んでしまった教育崩壊の現実に反転攻勢をかけるために，何とか起死回生の逆転打を用意しなければと，戦略も戦術もないまま，いまにして思えば，青臭い大決心をしたのでした。

他方，「旺文社の大学受験ラジオ講座」に関しては，高校生のころから友人の勧めで存在は知り，数回だけは実際に聴いたことがあったのですが，自分のことを受験勉強の権威であるかのように語る講師の，肝心の教育内容の貧困さや，受験生の気持への共感と同情を口に出して露骨に慰めたり激励したりする講師の安っぽさが気に入らず，以後全く縁を絶っていました。

ですから，そのような仕事に自ら関わることは，大袈裟に言えば自分の操（みさお）を失うような気がして断わり続けておりましたが，いろいろな事情から，我慢して数回だけやってみることにしました。そして，すぐにこれは大事な仕事だったんだと思い直し，その後も続けることになりました。

とにかく一番驚いたのは，地方文化の疲幣化が進行していて，学校教育の質が驚くほど低下している地域が首都圏以外にも存在するという現実でした。首都圏の私立校において，生き残りを賭けて「進学」を売り物に，数学教育の内容がひどく貧困化していることは知っていましたが，地方の状況が，都会の学校の《貧困化傾向を縮小して先取り》しているというより深刻な状況にあることは全く知りませんでした。ラジオ講座を聴いている視聴者が「先生はラジオでこう言いましたが，うちの学校の先生はこんなことを言っていましたよ」と私に告げ口のような不平不満を手紙で伝えてくる。そんな話を聞くと，数学の教育現場の反数学的傾向についての伝聞情報が，全国的な現実の話であることを直に感じ，焦燥感を感じました。

検定教科書や，ラジオ講座のおかげで，それぞれの地域の学校現場の先生，中でも指導的な先生と言われる方々と実際に会って話をする機会が増えました。もちろん立派な先生もいらっしゃるのですが，真剣に数学教育に携わっていることが伝わって来る先生が決して多数派ではなく，有名大学への合格者を出すことが教育目標になっているような方が増えていることを実感し，ラジオ講座のスポンサーである旺文社の『大学入試正解』が流している害毒に責任をもたなければならないと思うようになりました。

大東文化大学へ
── 激動の情報化革命の最中へ

私が津田塾大学を辞めて大東文化大学に移ったのは，今日に至る情報革命と深い関係があり，当時は『ダウンサイジング』という一種の文化大革命が進行中の時代でした。ここにいらっしゃる皆さんの中には，今もコンピュータ業界の方がいらして，昔こういう言葉が叫ばれていた時代があったことをご存知かと思います。そういうキャッチフレーズに踊って，大学の情報システムを変革するという一種の革命運動を始めてみたものの，革命の初期配備には成功したんですが，そのあとの実際の統治の姿が見えない。そういう，気立ての良い昔の「学増」時代の友人が大学執行部に上がってから「とにかく助けてくれ」という嘆願，それがきっかけでした。

なんでこんな嘆願に耳を傾けてしまったかというと，実は私は津田でコンピュータを教えていたわけでもありませんから，皆さんには意外かもしれませんが，私は実はいわゆるコンピューオタクだったんですね。かなり「好きな方」でした。

私とコンピュータとの歴史はけっこう古くて，最初はFORTRANでした。良く覚えていないですが，ハードウエアは理学部の，もしかすると物理学科所有の，富士通社のFACOM（ファコム）270/30とかいったと思います。いわゆる「大型汎用機」でしたが，今では想像もできないほど貧弱な機械でした。しかしこのFACOMですら学生が使うことができるのは週末の土曜日の数秒から数分間だけで，普段は学生は使わせてもらえない。数学科の学生が日常的に使えるのは東芝のTOSBAC（トスバック）3300というアセンブラーしか使えない古い機械でした。それでも，当時ヒラの教授室にはエアコンはなかったんですが，TOSBACがある「電子計算機室」にはちゃんとエアコンがありまして，文字通り「鎮座まします」という印象でした。しかし，FACOMにしてもTOSBACにしても，今皆さんが，そして私も持っている携帯電話と比べたら本当に比べものにならないほど貧弱な性能でした。アセンブリ言語なんていうのは今誰がやるのというくらいですけれども，私はそのアセンブリ言語で行列式を計算するとか固有値を求めるとか，今から考えるとそんな無駄なもののために膨大な時間を費やしていました。

これは数学科の学生時代ですので，次の段階までにはかなり間があるんですが，やがてComodor社のPETとか，その後しばらくしてNEC社のPC8801，PC9801，こういう超小型マシンが流行ってきて，これがなかなか楽しい。BASICという簡単なプログラミング言語で，結構いろいろなことができる。そういうことで一時期はまりました。さらに間をおいて，Apple製品とつき合うことになりました。私がApple社の製品を最初に購入したのは，Mac SE/30という，なかなかかわいいマシンです。長男とPCの取り合いになるので，子供のために，というより家庭の平和のために買ったんですが，子供が瞬く間にMacintoshをマスターしたのが，Macintoshのユーザインタフェースがすごいと思った事件でした。GUI（グーイ，グラフィカル・ユーザ・インタフェース）というものがもたらす革命，その大きさを息子を通じて肌で感じたんですね。

こういうふうに見ると，お分かりのとおり，ダウンサイジングの歴史は，私自身のコンピュータとの歴史でもありましたので，学増時代の友人の依頼を引き受けてしまったわけです。といっても当時ダウンサイジングといっても，PC9801なんかですらフルセットで買うと，最もベーシックなキットでもだいたい60万円くらいしたんですね。当時のお金で。ちょっとメモリをてんこ盛りにしたりするとすぐに100万円を超えたものでした。Mac　SE/30も当時のお金で基本部分だけで60万円程度であったような気がしますが，いろいろなものを付けたりするとやはり同じような金額でした。そういう意味では私はずいぶんいろいろなことに首を突っ込みお金を注ぎ込んできました。津田塾大学でも退職金をもらい，大東文化大学でも退職金をもらい，こういうのを全部コンピュータに注ぎ込んでしまって，今は「キリギリスの悲哀」を実感しています。

そういう経験を活かして，大学全体の情報処理の授業を現代化するとともに，図書館を含む大学全体の基幹システムをダウンサイジングの波に適切に乗せるというのが私のミッションでした。教育では，簡単なSpread Sheetのようなツールを自分達でプログラムするといった実用的なことから，ゼミでは，UNIXというOS周りの文化，そしてまだ日本ではモデム接続であったインターネットや，いま流行の人工知能の研究（というより研究動向の追跡／追尾）をやっていました。人工知能というと最近の流行を先取りしたようですが，今のビッグデータを「活用」してもっともらしい結論を導くといういい加減なものでなく，人間的な知識を理論的に機械で実現しようとしていたのでした。

他方，情報システムの置き換えに関しては多くの業者と膨大な時間を使うことになりました。こういう，自分自身にも無駄な時間を費やして情報処理の世界とつき合って分かったことは，欧米と日本間にある《技術と社会に関する時差》，それもえらく大きい時差が存在するということでした。例えば，デジタル技術を教育に取り入れる熱心さ，真剣さに関しては，日本では時々オタクみたいなというか，そういうことだけに熱心な，どことなく変な人がいますが，社会全体としてそちらに向かって戦略的に動くということはほとんどない。例えば，学校の先生たちの中でコンピュータプログラミングができないことを堂々と言ってそれを恥ずかしがらない。そういう人がとても多い。アメリカでも，コンピュータができない人もいっぱいいるとは思いますが，そういう人は小さく謙虚になっている。日本では反対に，堂々としているんですね。これは小さい話ですが，一般に《新しい世界》で《新しい可能性》が切り拓かれる可能性が見えて来たという際に，日本社会はものすごく保守的だということを，このときにいやというほど痛感しました。

そもそもハードウェア（H/W），ソフトウェア（S/W）の販売の仕方が大きく違う。日本ではH/WもS/Wも非常に高価に設定されていてなかなか買えない。しかしアメリカにいくとH/Wに関しては巨大なDo It Yourselfの店のようなところで売っているんですね。日本ではある宗教結社が資金集めのためでありましょう。このH/W分野で薄利多売，多品種小量生産という新しいビジネスモデルを開拓して大いに成功したようでしたが，日本では大手メーカーが自社で組み上げたPCを規格ごと独占することで売り上げを守る，という，非常に前時代的な理念がビジネスの中心にあって，グローバルな世界で新しい可能性をオープンに競争する，という姿勢が全く見られない，「既得権益を守る」という戦前型，より正確には明治維新型の文化がしぶとく生き残っている，そう感じました。

インターネットは当時まだまだ勃興期でありまして，実際にほとんどの人にとって未経験の世界でありましたが，これに対する欧米の人々の熱心さの違いにもうびっくりしました。日本ではネットワークに関しては，大型汎用機の下にぶら下がるものから，Netware とか LAN Manager とか，小型機でも使える，互換性のないいくつかのネットワーク OS といわれているものが混在して，それぞれが自分の製品の「優位」を自分の都合が良い形で宣伝している，という状況でした。当然かもしれませんが，どの企業もいわゆるインターネットの通信規約，すなわち TCP/IP と総称されるオープンのネットワークに対して冷やかでした。これに対して，特に，USA では本当の意味で競争してより良いものをつくることに対してその熱さが違っている感じをもちました。SUN OS の開発の企業 SUN が Stanford University Network に由来すると聞いたときは本当に驚きました。私には大きな魅力に映った Oracle などに対し，多くの大企業の方々は無関心，あるいはそれ以下の無視でした。アメリカでは特に大学を技術的開発の中心にして新しいオープンな OS，特に UNIX の周辺世界がすごく力強い勢いで起こっており，それと密接に関連してインターネットの可能性が次々と現実化されていました。Mosaic という，今ならブラウザと呼ばれるソフトウェアを通じてアクセスされるWorld Wide Web（WWW）はその典型ですね。一般の人々の間でもその興奮は共有されていたようで，“Internet for Dummies”という本がバカ売れしていました。これが何でそんなに売れていたかというと，アメリカではSLIPと呼ばれる電話回線を通じてインターネットに接続するツールが普及し始めていて，家庭からインターネットにつなぐことができて，ものすごく人々は熱狂していたわけです。

日本ではこれからかなり時間をおいて1995年，Microsoft社のWindows 95という熱狂がやってきました。いわゆる日本のインターネット時代の幕開けです。電話回線上でTCP/IPを実装する技術に関してはSLIPの他にPPPがこれより早い段階から有名なものとしてありました。アメリカではSLIPが最初に普及したようですが，1995年頃にはPPPについては，すでにいろいろな会社や個人技術者が開発に成功していました。私から見るとアホなことに，AppleはこのPPPを有料で売るという市場戦略を取りました。確かに，Apple社は自社製のマシン同士はlocal talkで接続できるということで，PPPは余分のサービスということだったのでしょうが，当時の価格で１万円ほどだったと記憶します。IBMの方はもっとビジネス的にアホのようでした。IBMは，DOSの上位互換で，しかもマルチタスクが可能というOS/2という素晴らしいOSを開発していましたが，その上ですでにTCP/IP接続が実現していたので，WindowsとかDOSの上でPPPを無理やり実装するより，より安定して使えるOS/2の方にユーザはみな移行するに違いないと考えていたのでしょうね。

しかし，マーケットは，従来から使ってきたPC上でそのまま使えることを謳ったTCP/IP接続機器を追加したWindows 95に飛びついたわけです。

この奇妙な現象については今後さらに深く緻密な歴史的分析が必要だと思いますが，マーケットにおける勝者が決まる，その決まり方にはそれなりにちゃんと合理性，根拠がある，ただし，それは単なる技術の優劣ではない，という教訓を学びました。

しかし一方，不合理性もあると思いました。Windows 95の成功をそのGUIに求める声も日本ではしばしば耳にしましたが，GUIの思想にしてもWindow Systemの実装に関しても，またアカ抜けたlook & feelについてもWindowsは洗練されない二番煎じだからです。TCP/IPの実装という点でも，時代的にはすでに陳腐であったのですが，人々をそれに食いつかせるためのマーケット戦略，それが上手だっただけ。あるいは相手が下手過ぎたということだと思います。戦いでは相手がちょんぼをしたために勝つということがあって，だからマーケットにおける勝者を無条件に賞讃してはならない，という教訓も痛感しました。そういうことに巻き込まれたまま生きているのは，幸せとは言えないなと思い始めた頃，私は放送大学に移ることにいたしました。

放送大学時代へ
── 公開性に力点をおく世界の高等教育の新潮流

遠隔教育，英語ではDistance Learningといいますが，distantという形容詞ではなくて，distanceという名詞を使います。教育については，昔はeducationとかteachingと言っていたんですが，教育とは自己教育のことである，という趣旨で最近はlearningと言います。最近では公開性Opennessを強調してオープンラーニングという表現の方が主流になってきています。通信教育correspondence educationといっていた時代には，正規の学校教育の補完的な制度でしたが，国際的には，そういう時代から，教育全体をリードする先進的な教育のモデルとなっていたのでした。確かに，昨今の日本の大学の状況を見ると，世間にすべてを公開した，自学自習支援型の大学教育の理念はとても大切だと思います。

ところで，私がそちらの世界にもともと興味があったのかというと全くそうではなくて，実は単に情報処理に携わって，会議と会合の忙しさと，権益を巡る人々のえげつなさに辟易としていたというだけです。マーケットの論理に左右される世界はいやだなと，やっぱり数学のようにマーケットとは無関係に生きられる世界のほうがいいなと感じていたときに，「講義さえ一度録音，録画してしまえば自分のための時間はたっぷりある」—そういう甘い言葉にのってしまったわけです。

しかし，放送大学にいきまして，国際的にOpen and Distance Learningの世界がインターネットを介してものすごい勢いで急成長していることを知りました。

世界の現実，国際潮流に直面し，一方で日本は依然として霞ヶ関省庁の利権といいましょうか，放送という古典的方法と学校教育基本法のような法律順守にこだわっている日本の現状を嫌というほど見せつけられまして，私に言わせると現代日本でも《教育について鎖国状態》が未だに続いていて，国際潮流から日本社会があまりにも遠のいていることを思い知らされ，深く失望しました。なぜ世界を見ないのか，もう黒船は目前まで来ているのに，という思いです。

日本の学校が鎖国で守られているのは，単に日本人が英語ができないという理由しかないように思います。それが最近では，バカげたことに，国民すべてが英語をしゃべれるようにすることが国際化だと思う風潮がある。みんなが英語が得意になったら，一辺に鎖国が崩壊して，先進国の学習者中心の教育システムに占領されるんだぞ，私は江戸末期に流行した「尊皇攘夷」のようなことを言うようになっていました。

ところで，ちょっと話がずれますが，今グローバル社会になって英語でコミュニケーションをとる能力が必要になると言う人がいるようですが，あまりに浅はかだと思うんですね。私に言わせると，グローバルな社会になって実は一番いらなくなるのは英語なんです。ここに英文科卒，あるいは英語教育専門の方がいたら失礼いたしますが，きっと皆さんもお持ちのスマートフォン，こんなもので音声認識ができ，自動翻訳ができるようになっている。もちろん現時点では下手ですよ，完ぺきというには程遠いレベルです，それは。津田梅子先生のような方，あるいはシェイクスピアの邦訳で有名な坪内逍遥みたいな方はもちろん必要です。しかし，“How are you?”“I'm fine, thank you, and you?”なんてものは何もいりません。

そういう意味では数学もいらなくなる部分はいっぱいありますけれども，私は例えば国際的な会議に出るときにも，私は決して英語はうまいわけではありませんけれども，うまくなくても話す内容があれば相手は一生懸命に聞くんですね。私は1回完全に流暢な英語を話す通訳を介してインタビューをしたことがありますが，その際，私があんまりに下手な英語で話をしていたので，通訳の方が見かねてでしょうね，ちょっとしゃしゃり出て，長岡教授が言いたいことはこういうことだと通訳したんですね。そうしたらそのインタビューの相手の教授が，「黙れ，お前が言っていることと長岡先生が言っていることは違うんだ」と。私はびっくりしました。英会話が下手な私自身は，ニュアンスはかなり違うが，ま，いいかと思ったんですけど，ニュアンスの違いがちゃんと通じていて，その通訳にとって理解が難しい問題に対して厳しい指摘があったのには本当に驚きました。

そういういくつかの経験がありまして，我々がたとえ，発音が日本人的であって流暢でないとしても，きちんとした内容のある情報発信をすれば世界で決して孤立しない，そう思うようになったんですけれども，日本社会の遅れといいますか，国際的な変化に対する「井の中の蛙」情況にはほとほと絶望します。

日本への絶望と野心，そして明治大学へ

しかし，逆に日本社会に絶望した分だけ，野心的な希望を抱くようになりました。その野心的な希望とは何かというとインターネットを介して教育情報を発信していこうと。数学という原点を忘れかけているような教育現場に対して，もう一回数学に対して熱心かつ誠実に向き直ってもらえるような刺激を与えることができないか，私自身がインターネットを介して配信する講義をベースにそれを質的に現状より上回る授業を学校の先生たちにやっていただいてこそ，学校の存在理由があることを

理解してもらおう，そう思ったわけです。

行政による教育の均一化，すなわち，従来は，行政は北から南まで同じ品質の教育を保証しなければいけない，少し誇張していえば，同じ年齢のすべての若者が同一のカリキュラムで勉強する，そういうことを目標としてきたわけですが，私が世界の Open Learning を通じて学んだ新しい学習の理念は，正反対，むしろ一人ひとりは多様で別々でいい，というものでした。一人ひとりに関して弾力的な自己教育，自学自習，そういうものの良さを確立していきたい。小学生が微積分学を勉強してもいいし，高校生が分数の勉強をしてもいいし，そういうような感じですね。それで私が作ろうと思ったのが，FlexCool というドットコムです。FlexCool というのは全然意味が通じない英語なんですが，実は，FleXSchool のだじゃれです。こういうのを通して日本社会を変革しようと思ったのですが，その後，いろいろあって，このプロジェクトは未だに水面下です。

こうして「野心」は一旦絶たれるのですが，「捨てる神あれば拾う神あり」と申しましょうか，明治大学理学部の数学科で「数学教育を第一志望として志す若者がいる。」ということでそのために残された人生の時間を活用する，ということになったわけです。

明治大学に行っていくつか驚いたことがあります。それは，最近の大学生が勉強に対してものすごくまじめで一生懸命だということです。授業を休むことはまずない，課題のレポートを出さないということもありえない。驚くほど優しく，そして健気で真面目なんです。本当です。

特に男子学生がそうですね。これは皆さんの中に，お母さんになって男の子のお子さんがいらっしゃる方はぜひ覚えておいてもらいたいんですが，今の男の子たちはかわいそうなくらい健気なんですね。どういうことかというと，お料理教室に通って一生懸命手作りケーキの作り方を勉強して，何を目標としているかというと，ガールフレンドを自宅に招いてそのケーキで接待する，それが夢なんですね。何考えてるんだと私なんかは思います。私の時代であれば，そんなことをやっている奴は何か裏に邪(よこしま)な意図があるに違いない，女の子たちだって，本当は邪な意図があるんじゃない？と思っている。特に津田の学生諸君なんかは「本当にそういう下心ないの？」と聞いて，男の子が「下心はない」というと，「じゃあ止める」というくらい，たくましく，したたかでありました。

でも最近の若い人たちはそうじゃないんですね。しかも，数学科の学生の多くが教師を就職の第一志望にしている。「企業に就職できなかったら教職」というのではない。本当に教員を第一志望にしている。随分エライものだと思って，なぜ数学教員になろうとしているのか，と聞いてみると，数学を教えたいというのではなくて，クラブ活動を指導したいという学生が結構多いんです。体育会系といいますか,「俺について来い」そういうふうに一致団結した雰囲気の中で，子供たちが精神的に成長するのを見るのがうれしい，そういうことを言うんです。

そういう学生諸君には,「精神的な成長って，そもそも定義はなに？」とからかうように言いましたけれども，今，学校の先生たちは課外活動にものすごく忙しいんです。これはクレイジーな状況です。今頃になっていろいろとマスコミでも話題になっていますが，最も重大なことは，課外活動が唯一の生き甲斐になっている教員が少なくない，という表に出せない現実があることです。子どもだけでなく，教員の中にも教科から逃げている人が大勢いる。ここにいらっしゃる皆さんの中にもPTAの活動に熱心なお母さんたちがいらっしゃると思いますが，こういう学校の状況があることを心にきちんとおいてくだされぱと期待します。

私が，明治でやろうとしたのは，そういう学生諸君のために教員としてのまじめさとはどういうことなのかと，数学を誠実に理解することの喜びと矜持(きょうじ)を教えたいということでした。数学を理解していないのに，生徒の前ではえらそうに分かったような顔をする，それはもっともみっともないことなんだぞと，本当の優しさとか本当の思いやりとは何のことなのか，それは一言でいえば，数学が理解できない子供たちに対する《学理的な理解》です。自分自身は大学の数学をまるで分かっていないのに，塾とかではなかなか立派そうな，私から見ると立派すぎる先生になる学生がいるんです。私から見ると危なっかしいので「なんで，君，そんな自信持って教えるんだ？君が教えていることは数学的に見ると，随分間違っているんだぞ」と言ったりすることもありました。また，「学校の数学ができない」という子供たちの言い分の中に正当なものがあるといったこともよく指摘しました。これは時間があればあとでより具体的にお話ししたいと思います。

そもそも数学教育とは何かという問題を見つめ直すことが最初に必要だと思います。「英語教育とは英語を教えること，数学教育とは数学を教えること」と考えている人が少なくないと思います。これ自身は間違っていないのですが，これを一度深く考える必要があります。そもそも，「数学を教える」とはどういうことか，何を伝えることでもって「数学を教える」ことになるのか。教科書が形骸化していることを知っているだけに，少なくとも，教科書通りに教えることがしばしば間違っていることを明確に自覚できる数学的な力を持てるように，学生諸君に，初等的な学校数学に潜む否定的な限界―多くの場合は虚偽や欺瞞ですが―に，気付いてもらうために，先ず数学教育の世界に蔓延している「数学的思考」を批判的に見つめて考えてもらいたいと思ったんです。

私自身は津田で数学史とか科学史を教えていたときに，それを通じて何を伝えたいと思っていたかというと，基本的には，現代社会に対して批判的な視座を持ってもらうこと，自分たちが置かれている環境を相対化すること，そういうことです。そういうことは講義の際に口では申し上げませんでしたが，何も言わなくても伝わるのではないかと一方的に期待していたんですね。

しかし，最近の学生諸君に対しては，こういうことを明示的に話すように心がけを変えました。単に数学に関する多くの定理は，高校レベルでも大学レベルでもしばしば理論の技術的な知識なのですが，そういう知識を伝達するだけで数学教育が終わるものではない，それを超えて伝えるべきものがあるんじゃないのか，ということを数学の個々の具体的な場面を設定しながら一緒に考えてもらおう，そう考えたわけです。津田塾大学時代の一方的な講義，私の思いだけがあってそれを明示的に表現してこなかった，そういう過去の自分への反省の気持ちも込めて，です。

現代数学と学校数学

以下では大学の数学科で教える数学を現代数学，高校までの学校で学ぶ数学を学校数学と呼ぶことにします。

集合と構造という現代数学の思想

以上の諸点を踏まえて，いよいよ今日の本題に話に進めていきたい—あまり皆さんから期待されていないかもしれませんが—と思います。

現代数学は,「集合と構造」を方法論の基礎に置いている，といいますね。先ずは《集合》があってその中に入るべき《構造》を定義して行く。これを《構造を入れていく》と表現します。位相構造であるとか，順序構造であるとか，代数構造であるとか，幾何構造であるとか。……。例えば実数全体の集合 $\mathbb{R}$ はそれ自身としては，何も構造が定義されていない，単に連続濃度をもつというだけの集合 set に過ぎません。これ対して，演算，例えば加法「+」や乗法「×」を定義し，それによって《体》field とか，体 $\mathbb{R}$ 上の《線型空間》vector space over $\mathbb{R}$ などという《構造》を導入して考えることができる。これに大小関係とか距離という構造をさらに仮定すると，微積分を展開する上でもっとも基盤的な基礎となる《完備な順序体》complete ordered field という構造ができる。2個の実数の順序対の集合 $\mathbb{R}^2$ に対して，複素数の演算に対応するような代数構造を入れ，また絶対値を通して位相構造を定義すると，2次元の数の世界と呼ぶにふさわしい複素数体 $\mathbb{C}$ というすばらしい数学の世界ができる。

こういうのがいわば現代数学の「公式見解」です。ですから皆さんはこういう調子で講義やゼミで習ったはずです。

しかし現代数学が「集合と構造」を基礎とするというのはあくまで「公式見解」であって，数学的な思考の本質を的確に表現しているとは私には思えません。どうしてかといいますと，多くの学生が，現代数学的な議論の組み立てに感ずる《強い違和感》にも一定の合理的な根拠があると思うからです。

例えば，「集合と構造」の思想の直後に来るのは，その最初の実践である《同値関係による類別》という考えです。集合において，その要素の間に「同値関係」が「定義される」と，この同値関係によって「集合が類別」されて，そのようにしてできる「同値類」equivalence class を要素とする集合として「商集合」quotient set ができ，もとの集合の中にある構造が仮定されていると，その商集合にも良く似た構造を考えることができる，という話です。

例えば，もとの集合で代数的な演算が定義されていると，商集合でも対応する演算が自然に定義できると議論を運びます。ただしその際それが well-defined であることを証明しないといけないという具合いに講義が進んで行くのですが，多くの，ほとんどの，というべきかもしれませんが，学生がその冒頭で躓いてしまいます。大した話ではないので，そこで躓いていては話が始まらないのですが，躓きますね。現代数学を勉強し始めると，こういう商集合，「群」であれば「商群」，「線形空間」であれば「商空間」という概念が冒頭部分で登場して来ます。その冒頭で躓いてしまい，結局最後まで分からないという学生が決して少なくないのですが，本当はもったいないことです。

良く考えてみると，こういう概念の導入や理論の組み立てで躓くのは実は自然なことなのであって，その躓きの原因は「集合と構造」思想の無理にあるのではないか，ということです。その無理に思いを馳せ，根拠に迫ることは，数学教育のもっとも面白い主題の一つであると思います。

そこまで行かなくても，そもそもは well-defined という英語が良くないという面もあるのも事実です。日本語に直そうとすると，「定義としてうまく行く」とか「定義が定義として意味をもつ」という面倒な表現になってしまうので簡単な英語を使うのが標準的かつ一般的です。もともとはドイツ語から英語への直訳ですが，ドイツ語でも表現の不自然さは英語と似たり寄ったりです。

Courant という著明な数学者が，「大学教員の一部に，自分の世界が素人たちの俗世間を超えた高尚さを纏（まと）っているといわんばかりに学生が分からない講義をする傾向がある」と大学の数学教育の状況を痛烈に批判しているのですが，私に言わせると，「自分が苦労して分かったのだから学生も最初は分からなくて当然だ」というような一種の「姑の嫁いじめ」的な体質が日本の大学にあるのは，USAと同様，日本の大学教育が成熟しないまま大衆化してしまった結果ではないかと思います。姑にいじめられて苦労して「一人前の嫁」になったなら，今度は自分の嫁が一人前に成長するのをいとおしく手伝うのが大人のたしなみだと思うからです。因みに，最近は，姑と嫁の地位の逆転があって「嫁の姑いじめ」が深刻だそうですね。皆さん，頑張ってください。(笑)

商集合の分かりにくさは，もとになる集合概念が素朴すぎることにあると思います。確かに，もっとも素朴な集合概念では，当然，集合と要素は，家族と家族の構成員のように，レベルが違うものとして理解されます。「数の集合」と「数」そのもののようなものですね。ところが現代数学だとこのような素朴な議論が，素朴な理解のままでは通用しません。集合を要素とする集合，つまり集合の集合のようなものがすぐに登場してくるということです。商集合がまさにそれです。同値類まではきっと分かると思うのですが，同値類の和集合（これは元の集合と一致してしまいます）と，同値類を要素とする集合，つまり商集合との違いの理解に躓く人が意外なほど多いのは，集合の中に，部分集合を作り，その部分集合を要素とする集合を考えるという思想の斬新性にあると思います。

このような思想の驚くべき有効性が示されたのはごく最近，少し正確に言い換えると19世紀末から20世紀初期にかけてであって，整数論とか２次形式とか代数的数論とか関数論とか変換論とか微分方程式論とか，一般幾何学とか，実に多種多様な分野で飛躍的に発展して来た数学の大部分が，《抽象代数学》という新しい数学が提供する枠組で極めてすっきりとその本質が見えるようになるという大革命があったからなのですが，それによって，数学を語る語り口に大変化が起こったのでした。そのような大革命を通り過ぎた目で見ると，例えば「テンソル」のような古典的な話題にも現代的な光があたってとても叙述が単純化されるのですが，同時に抽象化もされるので背景にある具体的な世界を知らない人には意味不明と映るのです。

しかしこういう話は，皆さんの古傷に触ることになるかもしれませんからこれ以上深入りするのは避けて（笑），方法論的なことだけおさらいし，こういう問題が学校教育の中にもあるということを後でお話ししたいと思います。

現代数学の思想の弱点（1）―「構造を入れる」ことの困難

現代数学では，「×××という集合の中に，△△△という構造を入れる」，例えばさっき言いましたように，「実数体 $\mathbb{R}$ の直積空間 $\mathbb{R}^n$ の中に線形代数という構造を入れる」。こういう表現を「決まり文句」のように数学者は連発するわけですが，これは論理的には不十分，哲学的に貧困であるということをまず指摘したいと思います。

そもそも「何の構造もない集合」に，新たに「何らかの構造を入れる」ということは如何にして可能であるか，という問題が最初に問われなければなりません。パルメニデスという古代ギリシャの有名な哲学者がいて，ソフィスト（元来の意味は「智者」）と呼ばれていた人の一人ですが，彼は，「ないものがあるか？」という問いを立て，「ないものがあるとすればそれは矛盾である。したがって，ないものはない。」こういう議論を組み立てているんです。この種の議論を，「議論のための議論」あるいは「わけの分からない話」といって聞くのを止めてしまうのが健全な立場かもしれませんが，私にはそれは少し傲慢に見えます。

少なくともそういう議論のための議論のようなものを真剣にやっていた人のことを知ると，「なにもない集合の中にもともと入っていない構造を新たに入れる」という表現自身がもっている困難に気付くことができます。建物のような構造物は，最初に，いろいろな異なる特性をもった素材と詳細な設計図があるからこそ建造できるわけですね。何もない特性のない均等な砂粒だらけのような素材から出発しても小山を作ることさえできません。粘性どころか，摩擦も重力もないのですから，構造物が建てられるはずもありません。

何も仮定されていない集合に構造を入れるというのは，キリスト教神学的にいえば，“無からの創造 *creatio ex nihilo*”であって，それは神様にしかできないことなのです。「構造がない」ところに新たに「構造を入れる」ということがそもそもありえないのですね。しかるに，そのような神様の立場を，数学を勉強し始めたばかりの学生に強要しているのが最近の現代数学の一般的な教育の立場ではないでしょうか。

現代数学の思想の弱点（2）—基礎概念の定義の困難

そもそも集合とは何か，こういう根本的な問題は，哲学的にもそして数学的にも，しばしば極めて厄介です。皆さんの中には，集合なんて，ものの集まりだから，何も難しくない，そんなものは分かっているとおっしゃる方もいらっしゃるかもしれませんね。それがそうでもないんです。

分かりやすさのために，少し別の話題で話しを進めましょう。例えば，「点」が「直線」の「上にのっている」とか「平行でない2直線の交わりは1点である」，これは子供たちでも知っている話ですね。しかし，「直線とは何か」，「点とは何か」とたずねると答えるのは意外に難しいんです。「直線とは，まっすぐに伸びた線である」—それはいいとして，では，「まっすぐに伸びる，とは？」と問い，そのときに，「それは直線のように伸びていることである」と答えてしまうと，これは論理循環になってしまいます。

「直線とは1次関数のグラフである」といううまい逃げ方が

ありそうですが，１次関数っていうのは，中学で学ぶ基本的な関数で，この関数のグラフは普通に描くと直線になりますけど，これはユークリッド的な平面を暗黙に前提としてしまっているからです。その証拠に，座標軸の一方を対数スケールにとったら，明らかにそうじゃないですね。

このように「直線」のような基本的な概念をきちんと定義しようとすると意外に難しい。同様に，もっと基本的な「点」の概念も定義することは容易ではない。というより，できるはずがない。かつての初等幾何学では「点とは大きさのないところの位置である」とか,「直線とはその上にある点に関して一様に横たわるところの線である」とか，論理的には意味のない定義を与えて来ましたが，それが可能であったのは，学習する側に「点」や「直線」の，未だに概念化・言語化されていない，しかし確実な理解が共有されていたからではないでしょうか。ですから,「点とは何か」,「直線とは何か」と言われると本当は誰でも困るんです。誰もが知っている。分かっていると思っているんだけれども，いざ「〜とは何か?」と言われると答えられないわけですね。

「〜とは何か？」と言った時に答えられない問いはいっぱいあって，人生とは何か？とか愛とは何か？あるいは正義とは何か？とか。これらはどれも難しい問いでありまして哲学者たちはこんな問いを巡って数千年間思索を巡らしてきているわけです。数学においても，数とは何か，集合とは何か，また点とは何か，直線とは何か，と聞かれると難しい。

そしてこの難しさを誠実に受け止める方法を数学者が発見したのは19世紀末になってからです。一番有名なのは，皆さんもよくご存知のダフィット・ヒルベルトです。彼はその『幾何学の基礎』（“*Grundlagen der Geometrie*”）の中で，中学生にも教えられている初等幾何学を，現代数学の規範から見て十分厳格に公理的に構成する，という試みに挑戦したわけです。

ヒルベルトが主張したのは，その際，「点」とか「直線」というのは《無定義語》であって，それらが何ものを意味していると思ってもらってもそれは構わない，あるいは「点が直線の上に乗っている」というけれども，「乗っている」というのも無定義語で意味がない，だから，それで何を表象してもらってもいい。私が点と書いているところのもので，皆さんが直線をイメージしてもいい。私が直線と言っているところで，皆さんは点をイメージしてもらってもいい。点Pが直線ℓ上にあるというのは普通はこういうふうに図示します。しかし，「Pがℓ上にある」という言明でもって「Pという直線がℓという点を通る」ということをイメージしてもらってもいい。通常の理解とは正反対で構わないということですね。

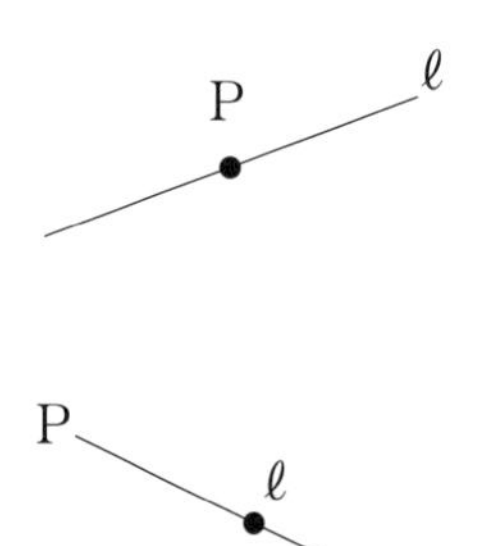

点や直線のように誰もが同じように確定したイメージを抱いていると考えられて来たものがどうでも良いということは信じがたいことでしょうが，数学はそういう素朴なイメージとは独立した世界であるという主張は鮮烈です。

そういうふうに逆転させても数学的には一向に構わない。このことをヒルベルトが明らかにしたわけです。ヒルベルトの有名な言葉に，点と直線という言葉でもって場合によっては，ビールのジョッキとテーブルを思ってもらっても構わない，それでも数学は一向に構わない，というのがあります。

現代数学の思想の源流

ということは，点とは何か，直線とは何かというのが大事なのではなくて，それらの言葉（無定義用語）の間の論理的な関係を組み立てる，あるいはそれを理解すればいいんだという主張です。これは公理主義的な現代数学の理念の最も鮮明，鮮烈なメッセージでありました。

ヒルベルトがそのような幾何学における点とか直線というものから意味を奪うべきであるという思想を唱道するようになったのは，最初の大きなきっかけは非ユークリッド幾何学の発見でしょう。それ以前の人々は平面や空間の幾何学は唯一だと思っていたわけです。2点を結ぶ直線は1本決まっている。そう思っていました。

それが新しい幾何学では，別に２点を結ぶ直線は複数本あっても構わないんじゃないかと考えるというと，奇妙に聞こえますが，２点を結ぶ直線を２点を結ぶ最短経路と考えることにしましょう。もしそう考えるとすれば，我々の地球という球面の世界では，球面上に比較的近い２点を結ぶと，その最短経路として１つの軌道が決まりますね。いわゆる大円といわれるものの円弧の一部です。目的地に向かってまっすぐに飛ぶ飛行機の航路ですね。しかし２点が北極点と南極点のように球面の中心に関して対称な位置にあるとすると，その２点を結ぶ最短経路は無数にたくさんあります。２点を結ぶ直線が無数になっても一向に矛盾しません。

いわゆる非ユークリッド幾何学は，ユークリッドの『原論』第１巻の第５公準を巡る研究を通じて誕生するという歴史の劇的な物語として数学科卒業の皆さんには良く知られていると思いますのでここでは省きましょう。重要なポイントは，空間についての数学＝幾何学が唯一だと思われていた時代から，いろいろな幾何学がありうるという時代への切替えが19世紀の数学で起こったということです。

そうするとユークリッドの『原論』を模範としてやってきた幾何教育は一体どうなるのか。これが19世紀の数学教育者が問われた課題ですが，教育の世界に非ユークリッド幾何の衝撃が伝わるにはまだだいぶ時間がかかりました。論理の重要性は強調されていましたが，それを突き詰めると公理と無定義語に行きつくという根源的 radical な発想が教育関係者には馴染みが薄かったのだと思います。

現代数学の究極的に虚無的な「思想」と数学研究の実際

現代数学でもっとも基礎的な概念は「集合」ですから，これに対しても公理主義的なアプローチをしないとならない。要するに「集合とは何か」という根本問題については我々は何も問わない，それで構わないじゃないかという立場を取るということです。

これは非常におそろしい，ある意味で気の遠くなるような，虚無的な思想です。「愛とは何か」，「正義とは何か」，「家族とは何か」，…という問いに対して「それは問わない」というのに似た話ですから，息子さんや御嬢さんにそう言われたら，お母さんたちはたじろぎませんか。でもそういうニヒリズムを自覚することなく，いわば無意識に無邪気なニヒリストになって現代数学は出発するわけです。

現代数学の公理的な方法は，このように最終的には《究極的な無意味》につきまとわれています。しかし現代数学は，暗黙に《意味》が侵入して来ることに警戒しながら徹底して概念を細分化し，それぞれの間の複雑で多様な関係を多様な角度から精密に調べます。普通は数学科の学部生のレベルではここまで徹底的にはやりませんけれども，いまちょっと脱線，根源化＝過激化して現代数学の思想的な側面を紹介しました。

しかしながら，我々は意味のない世界に安住することはなかなかできませんね。私は子供のころ死ぬのが怖かった。なんで怖かったかというと，自分が考えていることさえできなくなるということが想像できなくて恐ろしかった。それと同じように，意味が究極的に存在しないことを認めて考え続けることはあまりにつらいと思います。

ということは，数学者は口では，《意味を剥奪された現代数学》の高尚な「思想」を語りつつ，実際に自分が数学を研究するときは，自分が頭に描く《実体的な意味のある数理世界》に対して，ときには明瞭な全体図を見つめつつ，ときには細部のボケた漠然とした絵を想像に駆使して，探索的，試行錯誤的に接近しているのです。分かりやすさのために通俗的に使われる表現を無批判的に使うと「イメージ」という和製化された英語です。

コンピュータが「計算」できるのは，計算が意味のない機械的な操作であるからです。しかし，意味を失っては研究は成立しません。数学者は「イメージ」に研究の意味の根拠を見出すのです。

このように現代数学の世界に生きる数学者は，研究と教育という二つの場面で《ホンネとタテマエの使い分け》をしていることになりますから，思想的態度としてはあまり褒められるものではないと申し上げなければなりません。しかし，数学者は一般に，そもそも思想的な潔癖とか一貫性のようなものに対しては naive で innocent，日本語で言えば素朴で無邪気なのです。

現代数学とは異なる学校数学の世界

　他方，学校数学はどうかというと，徹底して，《目で見る》，《手で触る》ことができる，英語では visible とか tangible といいますが，これに依拠していることを強調したいと思います。飛躍して聞こえるかもしれませんが，ここで私が，単なる visibility ではなく tangibility を一緒にしていることが重要な点です。

　というのも，最近は visible であることがあまりに強調され，英語では *To see is to believe*. とか *Seeing is believing*. を強調して教えるようですが，私自身はこれは嫌いな表現です。《肉体的な目で見る》だけですべてが一目瞭然であると思うのは，すごく単細胞的，ものすごく傲慢な見方だと思います。英語の see やフランス語の voir には「分かる」という意味がありますね。しかし，私にはその分かり方も軽すぎると思います。宗教がかって聞こえるかもしれませんが，古代ギリシャ以来重視されて来た鑑照（テオリア），つまり《精神の眼で観る》ことが重要であると思います。因みに鑑照は現在の theory（理論）の原語です。

ちょっと脱線しますが，visibility に関して，私達の身体的な脳の情報処理能力が 3 次元に制約されていることはおそらく事実だと思いますが，それは我々人間の physical＝ 身体的な限界に過ぎなくて，physical＝ 自然の空間が，どうなっているかは分かりません。物理学者 physicist は「隠された次元」の存在を信じているようですが，映像技術は我々のまさに視覚的な情報処理能力の限界を利用して発達して来ました。映画や TV がそれです。基本的には現実世界 real world を 2 次元に射影した画像の「パラパラ漫画」で人間の視覚を誤魔化すという手法です。

最近は，コンピュータを使った3D 画像が一般化しています。これも理論的には簡単な数学の応用ですが，私自身が受診してびっくりしたのは，眼科の最近の眼底撮影装置で，恐らく周波数の異なる上下に走る直線的な光線のスキャンで一瞬にして眼底表面の立体的写真どころか，眼球の切断面の写真（断層写真）まで取れる装置ができていることでした。数学と物理の実に創造的な応用だと感心しました。

他方，3 次元の立体を単純化（単体分割）した，いわゆるワイヤフレームを滑らかに加工してそれらしい“表皮”をつけたものに 3 次元的な動きをつけ（これはなんと四元数 quaternion という数学では有名な非可換な数の応用です）それを 2 次元に射影してディスプレイ上に映し出される映像は，知らない人にはリアリスティックな映像に見えるようで，アニメーション映画などで活躍しているようですが，所詮はゲームと同じく，真実に肉薄する鑑照とは違うと思います。

私が visible であることと同じくらい tangible という言葉に拘（こだわ）るのはこういうコンテクストからです。数学教育では，単なる見掛けの仮想的な現実でなく《触るような実感》を同時に大切にしたいということです。

学校数学は，精密に分節化された論理的な概念，いわば精緻な言語的な定式化に基礎をおく，という現代数学の理想からは独立して，このような視覚的／触覚的なものに基礎をおくことを明確にしてもいっこうに構わないのではないか，というのが私の申し上げたいことです。学校数学を支える哲学は，現代数学の唱導する思想に追随する必要がないと言い換えても良いと思います。

現代数学と学校数学の間に存在すべき緊張関係

これは，学校数学の指導者である数学教員が現代数学を知らなくて良いという意味では全くありません。むしろ反対に，現代数学の考え方と学校数学のそれとの違いを教員生活全体を通じて考え続けて欲しいと願っているのですが，それは，数学教員が数学教育を現代数学と完全に切り離して《学校数学という小さな世界に閉じ込もる危険》と，その正反対に，現代数学の知識や経験を，十分に熟成することなく《学校数学に対して粗暴な影響力を安易に行使する危険》との両方について警鐘を鳴らしたいからです。前者に関しては説明が不要でしょうが，後者に関しては上に述べたように，別の哲学がそれぞれの基礎となっていることで説明したかったわけです。まとめて言えば，《学校数学の理想を現代数学の思想の延長上で語ってはならない》と言うこと，そして反対に，《学校数学の延長上に現代数学が存在すると思ってもならない》ということです。

視覚的，触覚的な直感は，子どもも含め，ふつうの人々にとって，もっとも身近にあって受け入れやすいというだけでなく，長い人類史的に見ても，ずっと，もっとも信頼できる理解と共感の基盤だったと思います。言い換えると，理性的な認識を追求する哲学的精神が生まれたのは，あるいは日常的な理解に潜む論理的な危うさを厳しく批判する哲学的な知性に目覚めたのは《古代ギリシャの奇跡》であり，この奇跡的な時代を除くと，それ以降の歴史の中でも，人類は古代の栄光を輝ける伝統として讃えることはあっても，その伝統を生きて来たわけではない，ということです。

少し脱線して，時間の関係から要点を断定的に申し上げることをお許しいただければ，ギリシャ的な精神とはむしろ正反対に，古代ローマ以降の哲学は，日々の現象を日常的な言葉で精密に哲学することとは別に，合理性を超えた生の不条理と生死の神秘の深みを探求する「宗教的思索」と過去の偉大な哲学者の言葉に合理的な解釈を与える「文芸的思考」とを二本柱とする《思弁的な形而上学(けいじじょうがく)》へと変質してしまうのです。古代ギリシャでは哲学を生んだ合理的な技術も，先端的な研究は，この動きに併行して，それを支えて来た科学的合理性を離れ，神秘的な衣装を纏(まと)う闇の世界の探求へと変容・潜行して行ってしまう傾向をもちました。

現代数学の思想は，古代ギリシャの哲学的理想を，さらに純粋化し，姿形を変えて二十世紀に復活したものであると申して良いと思いますが，古代ギリシャの精神が連綿として現代まで続いて来たわけではないこと，むしろ一旦はほとんど無視され，ときには大きく誤解されて来たことを強調しておきたいのです。

注意してほしいのは，**古代ギリシャの精神が変質を受けたそのような中世の時代にも，合理的な思想，論理的に厳密な推論は重視されて来た**ことです。それを支えたのが，古代ギリシャの遺産として西欧社会が部分的に継承した[1]アリストテレスの

1 さらに，少し細かい話になりますが，古代ギリシャの文化遺産の大部分は先ずはイスラム世界に継承され，ラテン世界が古代ギリシャの高度な文化に触れたのはギリシャ語原典のアラビア語訳を通じて，でした。それが西欧の近代世界を形成する上でもっとも重要なルネッサンス運動の始まりでした。ルネッサンス（renaissanece = 再誕生）という言葉は，西欧こそが古代ギリシャの正統的な後継者として古代ギリシャ文化の再生を担当すべきであるという，イスラム世界から見れば実に不遜な主張でした。

論理学とユークリッドの数学，特に数論と幾何学の初等的部分だけでした。アリストテレスの他の著作，例えば『自然学』やユークリッド『原論』の他の部分，ユークリッド以外の数学，例えばアルキメデスやディオファントスの業績は忘れ去られていました。

というわけですから，学校数学では，数や図形に関する数学的な概念を無定義語化するのではなく，古代ギリシャ風に言えば，究極的に理念化＝理想化しつつも，実際はそのようなものに対する素朴で無条件な信頼に依拠していて構わないということを強調したいのです。

「１とは何か」「＋とは何か」「＝とは何か」，などは，「点とは何か」「直線とは何か」同様，現代数学では無定義語の説明を求めるのと同じようなナンセンスですが，学校数学では十分に意味があるといっても良いと思います。

私に言わせると，抽象的な数学概念に対するこのような安心感は，「母の胸に抱かれる赤子の安心感」とでも言って良いような，人間が古くからもっている，存在に対するもっとも素朴な信頼感／安心感です。お母さんと一緒にいて心から安心している，疑うことを知らない安心感です。学校数学は，抽象的で絶対的，普遍的であるとはいえ，こういう母に抱かれる赤子の安心感に依拠しているような独特な数学の世界だと思うんです。

まとめにかえて

以上を踏まえた上で，最後に，私がお話しておきたいことは，我々が生きるこの現実の社会を考えるうえで，現代数学的な思索とその経験がとても大切ではないかということです。

特に，私が大切に思うのは，無意味の絶望から出発するものの，そこに留まり続けるのではなく，希望を少しずつ確かめあい，意味を創造＝想像する，という作業が今ますます大切ではないか，ということです。

学校数学というのはやっぱり母との信頼の世界でありますから，それはそれでとても心地よい世界なんですが，現代社会を生きていくうえでは，むしろ無意味の絶望から出発すること，これも大切なのではないか。そう思うんです。

先ほど私は，ヒルベルトの無定義用語の思想，公理主義的な思想，それが意味を一切放棄しているということを強調しましたが，すでに触れたように，数学者はそのような無意味なはずの世界の中で，ヒルベルトの言うままに彼の主張を理解し実践しているかというと，実際は，全然そうではなくて，図を描きながらヒルベルトの思索の跡を追っている。つまり，ヒルベルトの主張に自分なりの意味づけを与えながら理解している。意味づけを与えることなしに形式的にヒルベルトの幾何学的主張を理解することは絶望的に困難です。その証拠にヒルベルトの著作自身が，本当はいらないはずの図版だらけなんです。ヒルベルトも図版を使いながら考えている。

表向きは虚無の世界でありますが，そこに実は《意味という希望》が隠されているという真実を諦めないという経験です。

最初から甘い希望に生きている人には，理解できない世界との出会いですぐに絶望してしまいがちです。しかし，絶望から出発すれば，最初は全く理解できなくても，次第に自分なりの意味が見えて来てそれが他者との共有できる普遍性のある意味であると分かれば，多いに共感できるわけですね。絶望から出発するとするとずいぶん悲観的に聞こえますが，甘い希望に普遍性の幻想をもつよりもより長続きする希望につながると思います。

数学科の卒業生はそのような絶望を痛いほど良く経験しているのですから，本当に大きな希望へと向かう大変な努力に向けての姿勢の準備が整って大学を出たわけです。このことに誇りと責任をもってこれからもご活躍なさることを期待しています。

ご静聴ありがとうございました。

第2章

数学の魅力と威力
―― 魂に働きかける数学の不思議な力

以下は東京私学教育研究所主催の講演を凝縮したものである。「公立 vs. 私立？」という学生からの問いに，筆者自身の私立中高一貫校での経験から，「もちろん公立！」と答えて来た自分の狭さに気付き私立だからこそできる実践へと誘ったものである。

はじめに

こんばんは。平日の遅い時間に熱心に集まっていただいてありがとうございます。さっきたまたま私が津田塾大学に勤めていたときに教えた元学生さんがこの会に出席してくださっていてびっくりしたんですが，あらためて思うのは，数学というのは非常に不思議な科目で，この「数学を通して先生に習った」っていう記憶はとてもよい思い出として生涯残る。大学でさえそうですから，まして小学校や中学校という多感な時期に数学と素晴らしい出会いをすることは，その子どもにとって生涯に決定的な影響を与えるものだと思います。私は講演の副題として，“魂に働きかける数学の不思議な力について”とつけているんですが，これは私の言葉ではなくて実はギリシャの有名な哲学者の「数学は魂を揺さぶる」，それをパクっています。彼は哲学を教えるために前提として幾何学の学習体験の大切さを強調したわけですが，幾何学の勉強を通して魂を磨き上げられた若者に対してのみ哲学を教えることができると彼は考えていた，ということです。今日は，数学教育の原点に立ち返って，子どもたちの魂を揺さぶる数学教育の実践ができるためのヒントとなるお話ができればと思って話を始めます。

数学が嫌われる現象を原点から考える

最初にたべものの好き嫌いを考える

まず，「数学はよく嫌われる科目の代表だ」と言われています。そうかもしれませんが，この問題をいわゆる好き嫌いの観点からちょっと考えてみたいと思います。

食べ物の好き嫌いは子どもにとって一番深刻な問題です。嫌いな食べ物がある生徒にとっては，小学校の一番嫌な思い出が給食になると聞きます。多くの男子にとっては給食こそが小学校で過ごす最高にいい時間だと思いますけれども，嫌いな食べ物がある女子にとっては非常につらい時間のようです。勉強どころの話ではない。

まず第一に，「食べたことがないものを好きになれ」と言われてもそれは所詮無理だと指摘したい。京都の人は鱧（はも）が大好きで「鱧尽くし」というのを歓迎の意味でやってくれるわけです。鱧のさしみから鱧のてんぷら，鱧のお吸い物，…。鱧に対して特別な思いがない私なぞは京都の人に鱧尽くしで接待されるのは，昔は特に有難くありませんでした。

一方，関西の人にとって納豆は嫌いなものの代表のようで，なんで関東の人は納豆のようにあんな臭いものを？だといいます。同じく経験がないものといえば，私今も，この美味しさがたぶんよく分からないんですが，その昔，沖縄で初めて海ブドウというのを食べたんですが，一般の人にとっては食べるチャンスがあまりないんじゃないかと思います。経験が乏しいと，それが好きか嫌いかと言われてもぴんとこないですね。最近では東京でも鱧を，関西でも納豆を食べることはできますから，それぞれの好き，嫌いの範囲はもう少し変わって来ているかと思いますけど，知らないものについては好きも嫌いもない。

したがって，学校に入っていない幼児が数学が好きだ・嫌いだというのはないでしょう。それは数学の体験が一切ないからです。数学に対して何らかの体験があった人だけが初めて数学が嫌い，と言えるということです。

次に，本格的な食品の中には初心者が苦手とするものが少なくないという点も指摘しておきたいと思います。私は，初めてチーズを食べたときに，なんて変な味の臭いの食品かと思いました。世界中の食品が溢れた最近ですら，多くの若者は本格的なブルーチーズが苦手です。私の子ども時代のように食べられる物があったらとりあえず食べてみる，そんなことはありません。食べものに不足していないからなんでしょうね。

本格的な赤ワインもきっとそうですね。1本何十万円するような高価なワインでも，初心者には渋くて苦い，飲みにくい酒だと思うんです。同じように，私は初めて食べた水戸の本格納豆，びっくりしました。すごくアンモニア臭が強くて，私には，本格的なものより，スーパーマーケットで売っている庶民的なものの方が良いな，と思いました。それから大島とか三宅島の名物のくさやですね。好きな人にはたまらない魅力なんですけど，食べたことがない，特に若い人から見れば，なんでこんなものをわざわざお金を出して食べるのかと思うことでしょう。

好き嫌いの分布

「数学なんてなんでこんなものが面白いのか訳が分からない」という人々がいますが，おそらく数学がその人々にとっては，ブルーチーズとか高級な赤ワイン，あるいはくさやのようなものかもしれないと思います。あるものを好きになるためには，一度は積極的に食べる経験が必ず必要で，しかも物によっては一度食べただけでは好きにはなれない。食べ続ける習慣，あるいはそういう食品を囲むより広い食文化，より広い社会の文化や伝統が必要なこともあるんだと思います。

他方，子どもが好き・嫌いになるものについては，必ずしも大人の好き嫌いに関するこの種の原則があてはまらない，ある種の傾向があるように思われます。つまり，多くの子どもが好きだとか，だいたいの子どもが嫌いだというものがあります。

例えば，多くの子どもの好きが不思議に一致する食べ物として，スイカとか梨とかみかんなどのフルーツ類がありますね。それに対して，ピーマンとかほうれんそうとかセロリとか，そういう匂いが強い野菜はだいたいの子どもから嫌われています。

少し脱線しますが，最近はピーマンが嫌いな子どもは減っているそうですね。その理由は私はすぐに推定できるんです。このごろのピーマンはあまりピーマンの匂いがしないからです。ピーマンもだけでなくトマトも，キャベツもそうですね，私が子どものころの野菜は特有の匂いが強かったと思います。おそらく肥料を含め農法の変化，品種の「改良」などで野菜の味が薄くなっているような気がします。

それから多くの子どもが好きなものとして，海苔，豆腐，じゃこ，などがありますね。それに対して，酢の物とか漬物とかピクルスとかいうのは子どもたちはだいたい嫌いですね。大人になるとこんなうまいものはないんじゃないかと思うんですけど。私は子どもの頃ピクルスを食べたとき，外国の人はこんなまずいものを食べなきゃいけないんだと思いました。しかし今では，ピクルスをビールのつまみとして食べるのが大好きになりました。子どもの味覚と大人の味覚はかなり違いますね。それから子どもが好きなものの代表は，ハンバーグ，カレー，鳥の唐揚げ，まぐろの刺身といったところでしょう。それに対してレバーとか生牡蠣とかさんまの腸（はらわた）とかだいたいの子どもは嫌いですね。我が家でも生牡蠣を食べるのは私だけで子どもも家人も食べません。さんまの腸もそうです。私の家でさんまを食べるときは，私が腹の部分を担当し，尾っぽの部分を子どもたちと「等価交換」するわけです。私はそれで豊かな気持ちになっているんですが，家人や子どもたちは交換してもらわないと食べるところがない，そういうふうに思っている。実は，家人と結婚する前ですが，カニを食べるときに，家人がミソが食べられないというので，「足」と交換してあげていたんですね。家人はやがてカニミソのおいしさに目覚め，「ずっと騙されていた」と気付かれてしまいました。未だにさんまの腸に関しては，私だけです。やっぱり苦手な人は多いんですね。

数学の好き嫌いの分岐点

さらにここからが大事な点なんですが，教科で好き嫌いがはっきりするもの，子どもたちも好きな科目の代表は，体育，図画工作でしょう。これらに対して高学年の子どもたちから好かれない科目の代表の１つが数学のようですが，私は数学は決して生牡蠣とかさんまの腸ほどには食べづらくないものの，これから述べる点に関係するのではないかと思いますが，多くの子どもたちの好き嫌いが分かれる食品というのがあるのに似ているということです。同じ家庭の中で育った子どもの間にさえ，好き嫌いが分かれる食べ物があります。うちの家族でいえば，兄弟で好き嫌いが正反対に分かれるものがあるんです。典型的なものは，山芋とか大和芋のようにヌルヌルしているやつで，私はこれが大好きで二男も大好きなんですが，長男は食べられません。菓子についてもまた面白いもので断固として洋菓子が好き，生クリームが大好きというのと，やっぱり生クリームは苦手という感じです。牛乳，クリームはその延長にあるわけですね。それから，イクラ，卵に関してもそうですね。赤ん坊のころイクラや卵を食べることができた子どもたちがある年齢から食べられなくなるということがあるようです。

「数学が好き」という子どもも実際に存在するので，「数学嫌い」の子どもたちが存在するのは，数学が好き嫌いが分かれる食物に似ているんじゃないかと思います。食べ物に関する現象を観察すると，簡単に好きになれる食品となかなか好きになりにくい食品の間に，ある種の大きな違いがきっと存在するようで，しかしそれは遺伝的な要因ではなく，むしろ原体験としかいいようがないような個々人の深い経験的因子が関係しているのではないかと思いたくなります。その原体験がなんであるかというのはまったくよく分からないんですが，数学に関してそのような体験がその人の生涯にわたる好き・嫌いを決める因子になっているんじゃないかと，思うわけです。

以上は，食品とのアナロジーに根拠を置くだけでありますから，証明にはなっていません。もし数学が嫌われやすいとすれば，あくまで「とすれば」ですが，その根拠に迫ることによってもしかしたら本当は数学は好かれる科目なのかもしれない。それを私は先生方とともに考えていきたいと思います。

数学が嫌われやすい理由

さて，数学が嫌われやすいとすれば，それは数学が容易には好きになりにくい，本格的な料理に似た本格的な知的な行為であるからではないかと思います。数学と比べると理科では実験は好きという子どもたちは多いですね。実際に目でみる，目の前で色彩が変化する，透明だった液体が白濁(だく)する。このような現象が突然目の前で起こるわけですから，まさにspectacularですね。劇的な場面を演出することができる理科の先生たちは，子ども達を理科好きにさせることは比較的容易にできるだろうと思うんです。数学に比べれば，遥かに，です。

ただし，最近は，残念なことに，理科の先生たちが余裕がなくなってきて，実験が減ってきているそうです。理科で実験が減ると，理科が好きになる生徒も減っていくと思います。理科が数学と同じになるということは数学にとってはライバルが没落し，嫌われ仲間が増えてうれしい面もあるように見えますが，しかしながら，理科全体にとってのみならず，教育全体としては，残念なことです。せっかくの幼い生徒たちに「え～！

すごい！」と感動させる機会を減らしちゃうわけですから。

ここにお集まりの私立学校の先生方には特に気を付けていただきたいんですが，科目間で時間の取り合い競争があると聞きますね。「数学が大切だから」という理由で数学が理科の時間まで奪ってしまうと，理科の先生たちはきちっとした基礎の知識を教えるために，結果が見える実験の時間を減らさざるを得ない。結果として子どもたちの理科離れが加速してしまう。しかし，これは数学離れの遠因になるかもしれないことに気付くべきです。数学の先生は，もっと戦略的に考えるべきです。理科の先生は大いに実験してください。そういうふうにして，理科が好きな生徒を作るということが本当に数学が好きな生徒を作るための重要な布石になる。理科が嫌いな生徒は，本格的な数学はなかなか好きにはならない。理科の知見がなくても子どもで数学が好きになるというのは，本当の低学年だけなんですね。最近出た『「学力」の経済学』(中室牧子，ディスカヴァー・トゥエンティワン）という本にも似た話があって，この本も刺激的ですから，一読をおすすめいたしますが，「高学歴性を決定づけているのは，数学の学力であり，数学の学力をつけるために理科が嫌いでないことが重要な要件になっている」という指摘が，面白いと思いました。

好き嫌い経験から学んだ私のセルリの理論

私自身はどうだったか，自分史的な話なんですが，私の母は食事に関しては進取の精神に富む人でありまして，私は長野の田舎で育ったのですが，当時は珍しいチーズとかウィンナーとかいうのを手に入れてきていろいろ家庭で出してくれていました。当時は目新しい「大学芋」を田舎町に積極的に導入したのも私の母でした。そして私にとって忘れられないのは，田舎で生まれて初めて食べた羊肉，マトンとの出会いです。ジンギスカン鍋ですね。最初は変わった匂いがするものだなと思いました。こんな肉食べられるのかと思いましたが，これを繰り返しているうちにはまり，今では羊肉が大好きになりました。おそらく明治の日本人も，西洋人が牛肉を食べるのを見て，本当に参ったんだと思うんです。牛肉は，鶏肉などと比べると独特の臭いが強いので，子どもにとってはいまも最初は食べづらい食べ物だと思います。私たちの先人がいかに牛肉と格闘して来たかという歴史を示すのが「すき焼き」です。牛肉を醤油と酒を使って，たっぷり下味をつける。さらにネギやシラタキ，豆腐，椎茸を一緒に入れて煮る。肉の臭いと味を完全に失わせるようにしているわけですね。このようにしたうえで，必死に俺たちも先進国の仲間入りをしたんだぞと食べたんだと思うんです。そういうふうに私たちの先輩が頑張ったおかげで，私自身はすでに子どものころ牛肉をおいしいと感じていましたけれども，明治の日本人にとっては牛肉だって辛かったんだと思います。このことの証明がすき焼きです。

私自身はそういう新しいもの好きな母に育てられたんですが，高校生になったときに初めてセルリという野菜が外国から入ってきて日本の食卓に乗ったんですね。これだけはどうしても食べられませんでした。本当に匂いが嫌で。おそらくこの中にいる方々の中で，男性の多くは，東南アジアの野菜で，匂いの強いコリアンダー（パクチー，香草）が，たぶん苦手なのではないかと思います。女性はあの手のものに挑戦するのは大好きですね。タイとかマレーシア，あるいは中国の南の地方の料理に必ず出てくる香草ですが，高校生の私にとっては，いまの香草と同じように，セルリが苦手でした。ところがそのセルリがあるとき大好きになったんです。

そのきっかけは，長野の田舎，といっても私の郷里の田舎ではなくて，小諸から少し離れた望月という村にあるお寺に高校生のころ夏休みに勉強のために友人と二人でこもったんですね。そのときに住職の奥さんが横浜からわざわざ長野まで来た私たちを歓迎してくれて，「今畑で採ってきたばかり！」というセルリを山盛りにして食卓に出してくれたんです。私には油汗が出るほどつらい思いでありましたが，その奥さんが食べろ食べろと勧めるものだから一口だけ食べたんです。ところが，一口食べたら，今まで食べていたセルリと全然違っておいしいんです。結局，それで山盛りにして出されたセルリを私は全部平らげてしまいました。大嫌いなものでも《新鮮な本物》との出会いを通じて好きになる可能性がある，という経験です！

あんなに嫌いだったセルリでも本当に新鮮なものなら進んで食べたくなる。さらに不思議なことに，その長野の望月で大好きになったセルリを，そこに滞在期間中毎日，朝昼晩食べたんですが，横浜に帰ってきて，母に「セルリを出して」と頼むくらいセルリ好きになりました。新鮮なセルリの味を通して好きになったセルリは，横浜に帰ってきてから，新鮮でないセルリにも通用したということです。

横浜で食べていたセルリは遠くの産地から運んできたセルリでした。当然のことながら匂いも強いし，みずみずしさも少ない。それで好きになれ，というのは無理なんです。でも一旦本当においしいセルリを食べると，みずみずしくないセルリも好きになるんですね。これは，とても不思議なことです。

これを私は，「セルリの理論」（Theory of cerely）と呼んで悦にいっています。発音が十分悪ければ，「セルリのセオリ」になるので，ダジャレとして面白がっているものです。

セルリの理論の数学への応用

食べず嫌いを修正することは容易ではないと思います。食べないのに嫌いだといわれても，それはこちらは手の打ちようがない。しかし，まずいものを出して，好きになれ，と言われても困りますよね。数学嫌いの子どもが大勢いると聞きますが，果たして《新鮮でおいしい数学》を子どもたちに食べさせているのか？を問いたい。とてもおいしい数学を経験すると，たいしておいしくない数学でさえ，それはそれなりに味わうことができる。私は数学嫌いを自称する多くの人は食べず嫌いというよりは，本当はまずい数学ばかりを食べさせられてきて，そのためにすっかり嫌いであると思い込んでいるのではないかと思うわけです。

数学はそれなりに難しい思索の活動ですから，それが得意になるための基本は，数学的な思索を好きになることに尽きる。私は若いころ，予備校で教えたこともあるので，「どうしたら数学が得意になるんですか？」という質問をよく受けました。「君，その質問をする時間にちゃんとした数学をやりなよ」，いつもそう答えていました。数学をやる以外には数学を好きになる方法はありえないと思うんですね。《良い数学との良い出会い》をすることが数学を好きになる秘訣で，数学を好きになることが数学が得意になるための一番の近道なんです。

ところが残念なことに最近の学校では，まずい数学を「これでもかこれでもか」というくらい，まるで馬に与えるまぐさのように数学の練習問題を山ほど強制的に与え，子どもたちをうんざりさせ，数学を嫌いにさせた上で，「いや，もっと数学を勉強しなくちゃだめだ，君の人生は数学の力にかかっているんだ！」と平気でいう先生がいます。

数学嫌いの子ども達の反撃

そんなふうに言われても生徒としては困ってしまうと思うんですね。生徒だってやはり好きなことをやりたいわけで，数学の先生に「数学をやっていて何の役に立つんですか？」と質問する生徒，そういう生徒に対して，「数学は自然科学の基礎であり，現代文明の根幹を支える重要な学問である」とか「もっとも先端的な物理学の宇宙論から，コンビニエンスストアの売上戦略まで数学が使われている」── こんなふうに相手を説得しようと説く「まじめ」な先生がいるんですが，私にいわせればそれは全く無駄で，相手は数学が大嫌いで，それは自分の人生とは関係ないと確信している。だから，「いや確かに数学は，君には役に立たないな」と先生に認めさせたくて，「数学が何の役に立つんですか」と聞いてくるんです。「役に立たないなら，やる必要はない」という結論をもう自分で出している。先生にその確認を要求しているだけです。

反対に，甲子園を目標にして夢中になって朝から晩まで頑張っている野球少年たちが，「野球頑張ったら何になるんですか？何の役に立つんですか？こんなことをしていて大リーガになれるのですか？日本のプロ野球の選手になれると先生も思っているのですか？」と聞いて来ることは滅多にありませんよね。野球で一生食っていくことができる人なんてほんの一握りで，それ以外の少年達の時間は，冷酷にいえばほとんどが人生の無駄になるわけです。野球に限りません。最近では，サッカーはじめ，いろいろな課外活動に夢中になっている子どもたちがいっぱいいます。

私立学校ならきっとできること

ここに集まっていらっしゃる先生が私立校の先生であるということですので，私立校だったらば本当は許されるはずの自由について考えたいと思います。公立校だといろいろと横並びの規制がありますが，私立なら学校の設置理念に基づいて教育すればいいわけですから，新しい課外活動として，「新鮮でおいしい数学との出会い」のような活動のために生徒の大切な時間を使ってやることができるのではないか，どうでしょうか。

いわゆる「先取り学習」について

後でもう少し具体的にお話をしたいと思いますが，多くの私立校は「先取り学習」といって中高６年間のカリキュラムを前倒しして４年半とか５年とか短縮する，というスタイルで教えているのが一般的だと思います。実はこれに全く意味がないということについてはあとで詳しくお話ししますけれども，少し「先取り」して，この話題に結論的なことを申し上げると，短縮することよりも大切なのは，**おいしい数学の体験をしっかりするゆとりをもつこと**です。そのために大切なのは，《子どもたちを先ず数学を好きにさせる》こと，言い換えれば《子どもたちが数学の魅力に取りつかれるようにする》ことですね。そのために時間を使うべきで，少なくとも**数学を嫌いにするために大切な時間を浪費してはいけない**，と私は思うんです。

学校教育では，「知識の定着，基礎・基本の定着」などの標語で子どもたちにやりたくない反復練習 *drill & practice* を子どもたちにいろいろな形で強制する傾向があるように思います。やれ宿題とか，やれ提出ノートとか，やれ試験とか，やれ朝学習とか…です。そういうやり方では私は子どもたちは数学が心から好きにならないのではないかと思います。このようなやり方では，**「私立」でありながら「私立」の良さが出せていない。**

数学学習の唯一の自明な秘訣

少し話を一般化して，数学の学習の自明な秘訣についてお話しをしたいと思います。

しつけ教育ではしばしば「飴と鞭」が重要視されます。「飴と鞭」は本当は政治学の言葉でして，ドイツのメッテルニヒでしたかね，最初が。労働者に対して福祉政策を行うと同時に労働組合活動を禁止する。それが飴と鞭の本来の意味だったようですが，アメリカでは「人参と鞭」“*carrot and stick*”，つまり馬を走らせるための「飴と鞭」になりまして，これが日本の「飴と鞭」になったようです。子どもたちを飴で釣ってやる気にさせ，鞭でしごく，という方法は，私はしつけ教育では大変有効で，たとえば犬のしつけでは飴と鞭は必須であると思います。実際，「子どものしつけと犬のしつけはドイツ人に任せろ」と日本では言われています。私がドイツ人の友人に日本ではそう言われているけれども，と聞いたら，ドイツではそんな言い回しはない，ということなので，どうやら日本人の創作のようです。人間に対する教育において飴と鞭が有効なのは，たぶん幼少期のしつけだと思うんですね。

ところで，今の生徒はしつけが全然できていませんね。学校の先生の授業を聞いているときに，下手すると頬杖をついて聞いている生徒がいるんじゃないでしょうか。「先生がしているときに肘をついて話を聞くなんてことはありえない！」そういう最小限のしつけを幼少期に受けていない，非常にかわいそうな青年がたくさんいると思うんです。中学生や高校生になると，もはやしつけが実際成立しなくなるので，難しいですが，幼少期のしつけに関しては飴と鞭はすごく有効で大事だと思います。

ところが，飴と鞭が効かなくなる年齢の青年に対しても，まだそれを使おうとする人がいる。私は，おいしくない数学，それに飴で味付けしたら，私はそれは最悪ではないかと思います。まずいものに砂糖をかける，そうしたら必ず食べられるようになる，これはうそでしょう。

ほとんどの場合，学年が上がるほど，私は一般には高校生以上だと思いますけれども，低学年で効果を上げる手法が高学年では逆効果を生むと思います。飴というのは煽て，鞭というのは脅しですが，飴と鞭で好きにしてくれるのは，数学では反復練習，すなわち *drill & practice* のレベルのものだけであって，知的な数学的思索を好きにしてくれることは全くあり得ないと思います。

数学学習における知的な自学自習の重要性

しかしこの数学的思索の体験こそがおいしい数学との出会いですから，それを好きにしてくれなかったらどうしようもない。

数学教育は学習者の自発的な学習においては成立しない知的な教育です。いま active learning という軽い表現，熟語が流行っているようですが，本来は数学は昔から active learning なんです。数学では強制的学習なんてありえないですね。「子曰く…」なんて具合いに暗唱すれば終わりっていう教育の時代は昔はありました。知識の量が勝負という，そういう学問があったことも事実です。でも今はそういう学問に意味がない，もうコンピュータの発達で，計算できることはもちろん，正確に知識を暗記しているという能力ですら，ほとんど意味がない，という時代になっている。数学では，ある主張がいかなる根拠によって成立しているか，その根拠について深く考え理解することが大切であるという勉強の原点が今，一層あきらかになっている。能動的（active）でなかったら，見えるはずのない世界を見ようと努力することが数学の勉強です。

学習者の自発的な自己教育以外には学習が不可能，学習者が自ら学ぶという体験をするために，数学ほど良い科目は存在しない。それが昔から数学教育が重視されてきた最大の理由でありましょう。数学を通してこそ，先生と生徒，学生が真の人間的な尊敬の念で結ばれるのも素晴らしい点です。数学教育はこのような不思議な教育です。したがって数学教育に携わる方々は常に学習者の自発性を引き出すための「おいしい数学」を提示することを心がけなければいけないと思うんです。

私立の数学の先生の心得

私立学校の先生方は，毎時間，決して安くない授業料に見合うだけの授業をするように心がけたい。今日は学生たちを何で感動させてやろう，そういう教育目標をつねに持てるかどうか問われているんですね。歌舞伎で「みえ」という演出がありますね。そういうハイライト的な場面を毎時間用意していく気構えが最小限の義務なのではないでしょうか。先生がみえをきったときに子どもたちが「よーっ，山本屋」など掛け声をかけるような場面を用意する義務が毎時要求されている，ということです。

ただし，ベテランになって，こういうのが毎年，毎年度，毎月，毎週，毎時の何も変化のない決まり台詞のようになってしまうと教室は白けてしまうでしょう。歌舞伎も同じだと思います。毎回毎回，アド・リブを含めて，その場に合った何か新しい工夫を編み出す創造性が決定的に大切です。

ここで，抽象的に述べていることは，このあとで時間が許す限り具体的に詳述したいと思います。

反面教師としての公立校の状況

「反面教師が最良の教師」ということばがありますが，負の側からみたほうが分かり易いこともあるでしょうから，おいしい数学の実現に向けて，まずは反面教師として，ある都内の平均的な公立高校の中間試験。それから，ある県の公立高校の教員採用試験，そして，最後に大学入試センター試験をお見せしたいと思います。

平均的な都立高校の中間試験

ここで話題とする「都立A高校」というのは，いわゆる受験基本データによれば偏差値50ということで，ちょうど平均的な学校のようです。この学校では，公立なのに，高校2年生で文系，理系と分かれていて，それでも公立なので，文系の2年生に対しても数学Ⅱを教えます。これはその試験です。

この学校では，文系であれば，数学Ⅱが入試で必要な人はほとんどいないそうで，教員も気楽に＝無責任に時間を空費しているのかも知れませんが，この中間試験問題を見て，驚き呆れました。

先ず，$(3x+5)^2$，$(2a-7b)(2a+7b)$，$(x+2)^3$，…，$(x+1)(x^2-7x+49)$ の展開ですが，「どの展開公式を使えばいいか，その判断力を訊く」という趣旨なのでしょうが，こんな問題ができても何もうれしくありません。私はこういう問題を出す先生方は「数学は公式を覚えてそれを正しく使えれば良い」，という数学的に最悪の**公式至上主義**のお考えだと思うんですね。例えば，1番だったら $(a+b)^2$，2番だったら，$(a-b)(a+b)$，3番だったら $(a+b)^3$ の公式の展開公式を知っているかどうか，ということです。そういう知識の有無を問うているんだと思うんです。

しかるに数学的に見れば，展開なんて何でも同じようなものなのであるという認識こそが，一番のポイントであり，何次式になったって展開は同じ。例えば，$(a+b)^3$は$(a+b)^2$が分かっていれば，それに$(a+b)$をかけたものに過ぎないから，$(a+b)^3$の公式は$(a+b)^2$の公式に帰着できる。そうしてこのように**複雑なものがより単純なものに帰着できる**という発想が，数学的な考えの基本中の基本だと思います。

そして，これが二項定理の基本になっている考え方です。二項係数が漸化式${}_{n+1}C_k={}_nC_{k-1}+{}_nC_k$（$k=1$，2，3，…，$n$）で次々と出る。いうまでもありませんが，これは$(a+b)^{n+1}$を展開したときの$a^kb^{n+1-k}$の係数が，$(a+b)^n$を展開したときの${}_nC_{k-1}a^{k-1}b^{n-k+1}$と$a$をかけたもの，それと${}_nC_kab^{n-k}$と$b$をかけたものを足したものであるということです。

このような基本がしっかり分かっていれば十分で，別に，二項定理でよく見掛ける$(a+b)^n=\sum_{k=0}^{n}{}_nC_ka^kb^{n-k}$という式を暗記することが重要というわけではない。しかし，このように書く練習はよくやりますね。これを出題した先生はこのあとの問題を見ても明らかにこういう練習こそが数学であり，この公式が二項定理だと信じていらっしゃるようですね。

でもこれは数学の生きた二項定理というよりは，いわば死んで固定化した二項定理の押し花，百歩譲っても二項定理の一つの表現に過ぎません。これは「まずいセルリ」です。

二項定理の核心はさきほどいった漸化式の関係，つまりn段目から$n+1$段目に移るプロセスであり，$(a+b)^{n+1}$は，

$(a+b)^n$と$(a+b)$の積に過ぎないとして，より簡単な問題に還元できるところにある。

こんなことが小学生相手や中学生相手の塾では，全く分からない子どもの親に「成績を上げて試験でいい点数を取らせますから」と約束して公式を機械的に暗記させる，「一家が食べて行くためにそれも仕方がない」といってビジネスにしている人がいるというなら，その哀しい生き方自身は僕にも分かります。

でも，毎月の給与が定年まで保証されている公立の学校で，しかも入試で必要としない高校２年生に人生で最後の数学を勉強させているのに，なんでこんなことをやらなければいけないのか，私は理解できません。

でもそれは，実はその先生の責任というだけではありません。検定教科書にもその責任はあります。教科書には必ず，$(a+b)^2$の展開公式，その次に$(a-b)^2$の展開公式とあって御丁寧に，（１），（２）と番号が振ってあったりするんですね。これがアホらしいことは明らかです。こんなことをやっていたから，次には，$(-a+b)^2$の展開公式，次には$(-a-b)^2$の展開公式という具合に無限にやり続けなければなりません。文字に別の文字を代入することができるということこそ，実は代数の基本です。「文字」に「数」を代入するということが大事なのではなくて，「文字」に「文字」を代入することが大事なので，それこそが高校数学Ｉで学ぶ最も重要な中心的なアイディアだと思うんです。

公式（1）でbに$-b$を代入すれば（2）は出て来るわけですから，2つの式を機械的に教えている先生は，代数的な考え方に背を向けているとさえいわれてしまうかもしれません。そうして挙句の果て，$(3x+5)^2$ですが，aに$3x$，bに5を代入するだけの話で，なんにも面白い話じゃないですよね。

なにも面白くないということが明白に分かることは，けっこう面白いことでしょう。ここが数学的なところで，つまりよく考えてみればそれはくだらないことだと生徒が分かった瞬間，「教科書はバカだね，こういう公式をいちいち書いちゃって…。」そういうふうに生徒自身が共感できたときに，生徒の数学的な眼は開くのだと思います。そして，今まで中学のときにこんなものを機械的に覚えていたのは実に馬鹿げていたことであった，というふうに少し成長したと思うと思います。

この手の問題がばかげていると思うのは，例えば，次の$(x+7)(x^2-7x+49)$という問題ですが，49がたまたま7^2ですから公式が使えますが。これが48になったらどうするんですかね。あまりに特殊な例に過ぎませんね。全くだめな話でしょう？高等学校に入ったら小学校や中学校のときと違って，《一般性》とか《普遍性》とかに目覚める時期ですよね。昔はわけ分からずいちいち公式を覚えていたけれども，公式なんて覚えなくていいんだ，数学は考えれば自分でできるようになるんだ，そういうふうに目覚めさせることが，こういう式の展開とか因数分解とかを勉強することの最大の意味じゃないかと私は思うんですが，その一番良い素材がこんなにまずく調理されてしまっている。これは残念に思いませんか。

因数分解は，発見の面白さがあるといいますが，共通因数で括(くく)るに続く「$2a^2-7a-15$を因数分解せよ」という問題，これは私は高校生に期待される問題としては，あまりにもさみしいと思うんですね。日本の学校では「たすきがけの因数分解」がとても好まれる素材なんですが，どうしてもたすきがけの因数分解を子どもたちに教えたい，子どもたちがそれを理解しているかどうかをテストしたいと思ったら，「たすきがけで因数分解できる例を自分で作り，その答えを書け」，そういうふうにするのはどうでしょうか。たすきがけがどういうものか分かっていない子どもたちは解けないでしょうからいい問題だと思う，理論的な意味が分からないまま機械的な方法で試行錯誤して答えが出せてもほとんど意味がないということがなぜ分からないのでしょう。

ちなみに，たすきがけの因数分解は，一般の２次式についてはできませんから，これを強調して教えているのは，私は知っている限り日本だけです。子どもたちはこのためにすごく苦労しているようです。子どもたちにあれだけ苦労させる甲斐があるのかどうか，私はよく分かりません。なぜなら，一般にはできないからです。たまたまできるたすきがけの因数分解の例だけをやって,「ほら,できたでしょ」というのは詐欺ですよね。数学は学問でありますから。特殊な例だけうまくやって「ほら,うまくいったじゃないか。俺についてくればできるんだ。」というふうに言う人がときどきいるようです。最近若い先生の間にすごく自信を持って,私の子ども時代には授業が上手という先生はあまりいなかったんですが,「授業研究」とやらの成果なのか,最近はみんな授業が上手ですね。そして,しばしば「俺について来い」という先生がいるんです。私は高校生向けの講演でときどき話題にするのは,「気を付けなければいけないのはこの新種の『オレオレ詐欺』だ」という話です。

学校の先生方が自信を持って授業に臨むということ自身は悪いことではないんですけど,問題は,自分たちが教える数学の内容に関して本当に胸を張れる根拠があるかどうかについて,いつも勉強して謙虚であることの方がもっと大切だということです。

この手の問題も高校1年生の最初の小テストというんだったらまだいいんですけれども,高校2年生の中間テストでまだこんな問題をやるのか!という思いです。

その次の問題は $(a+b)^6$ の展開そして $(2x+y)^5$ の展開。ここまで来ると一種のいじめですよね。二項式の6乗の展開なんて整理した後も項が7個も出ているわけですから,えらく面倒くさいですよ。これを出題した先生は「パスカルの三角形」を知っていれば簡単にできるという発想だと思うんですけれど，「パスカルの三角形」を知ってその応用にもなっていない「応用」をテストされることにどんな意味があるんでしょうか。全然面白くない。

確かに，中学生にならそれなりに楽しいでしょう。中学生の頃なら，展開が難しく見えますから，その展開が一瞬にしてできるようになるのはすごくうれしいと思います。数学って素敵だなと思う可能性もあるかと思います。しかし，もういい年した高校２年生に形式的なパスカルの三角形を教えて楽しいでしょうか。今，指導要領では，なんと数学Ⅱにパスカルの三角形が行ってしまいましたね。恐ろしいことです。

ばかばかしさの背景にある学習指導要領の無理と矛盾

私は，あるものを学習するために適した学年というのは個人差は別として，一般にあると思うんですが，低学年でやって楽しいことが高学年でやっても楽しいと思うのは人間の成長を理解しない人の大間違いで，そういう大間違いの代表が今の学習指導要領上は数学Ａにおけるオイラーの多面体定理です。「実際に正多面体の場合について数えてみよう」，小・中学生はそれでもいいでしょうが，それで楽しいと思う高校生なんかいないですよね。ふつうは，「ばかにするな」と。高校になったら，その根拠について迫りたい，しかし，高校生が根拠に迫るには，オイラーの多面体定理は少し難しすぎるというか，他の主題と話題が違い過ぎているんじゃないでしょうか。私は日本全国の子どもたちがあの定理の数学的意味がきちんと分かるという教育目標を掲げるのはちょっと無理かなと思います。

同様に数学Aに「整数の性質」というのが入りました。この単元は3つの柱から成っているんです。1つは約数，倍数，あるいは素因数分解，そんなやつですね。例えばある数が9の倍数であった場合には，各桁の数の和が9で割り切れることである，云々。

その次はユークリッドの互除法と1次のディオファントス方程式ですね。定型数a，b，cに対し，$ax+by=c$という1次の不定方程式の一般解を求める問題は楽しい課題ですが，どれだけ多くの高校生が特殊解と一般解の違いと意味を理解できているでしょう。そもそもユークリッドの互除法との関連づけは一つの道ですが，この主題に対する唯一の道ではありません。

そして，最後にあるもう1つの柱が位取り記数法です。二進法やら十進法について数の表現を理論的に学ぶ。

これ以外に発展として，整数の剰余の話というちょっと本格的な話があるんですけど，これは発展ですから。最初の3つの柱に限定して言うと，これは全体の構成からして矛盾しているということを指摘しなければなりません。

約数とか倍数というのは，例えば36は9で割り切れるとか，こういうことをやるわけですね。「36は９の倍数である」。なかなか結構だと思いますよ。それは小学生相手だったら分かる。しかし，高校生だったら「36はなんで９の倍数なんですか？」と言ったときに，「36は９で割り切れるから」では，答えにならない。割り切れるか，割り切れないかはどうやって知るんですか，それが問題なんです。こんなときに，高校生なら素因数分解の知識まで暗黙に仮定してしまうでしょう。

しかも，もっと不都合なのは36というのはなんですか？３と６の並びじゃないですか？３と６という文字の並びで表されたらふつう文字式の規則では18ですよね。abと書いたら$a \times b$でab，$3 \times 6 = 18$，しかし，36で三十六と読むのは，これは位取り記数法の約束なんですね。しかもこれは十進法で話したときの話ですね。ところが十進法を含む位取り記数法の話はその単元の最後にやるわけです。

さらに$ax+by=c$という不定方程式の解法が出て来るのですが，この関係式は，整数a，bの約数を定義するために最初の最初に話題とすべき基本になるものです。つまり，「$ax+by=c$となる整数x，yが存在する」ということが「aとbの最大公約数がcの約数である」ための必要十分条件なんです。言い換えれば，「$ax+by=1$を満足する整数x，yが存在する」というのはaとbが互いに素であることの「定義」であるのに，それを「定理」として扱うところが何とも苦しいのですが，その理由は，困ったことにすでに小学校や中学校で「互いに素」を知っているということです。良く知っている大学生に対して，その知識を仮定せず理論的にやるというのではなく，既知と未知をグチャグチャにして学校数学調で講ずるという無茶苦茶な話の帰結です。ちょっとでも大学の初等整数論をかじっていれば，この馬鹿馬鹿しさは明らかです。

もっとおかしいのは位取り記数法が一番最初にないと，困ります。そもそも36を三十六と書くならいいですよ。「九が三十六を割り切る」。こう書くならば位取り記数法なしに言うことができますけれども，十進法による計算を使わないで割り切れる，割り切れないという話をするのは易しくありませんね。さらに学習指導要領がおかしいのは位取り記数法のところで小数も扱っていることです。循環小数になるものとならないものとか，それって整数の話じゃないですよね？これはどう考えても有理数，あるいは実数の話ではないでしょうか。これは教科書の欠陥というよりも，学習指導要領という法律的決まりの欠陥ですから，もし私が暇な高校生であったならば，文科省を相手どって違憲訴訟を起こすと思いますね。国家が子どもに嘘を教えるのは基本的人権の侵害ではないか，と。

そういうことは言わないにしても，この単元１個取ってみても教科書に忠実に教えることが具合が悪いところが実はいっぱいあるんです。

私立学校なら学習指導要領を解体改編できる！

しかし，私立の学校の先生であるならば，教科書に絶対的に準拠して教える必要はないので，例えば位取り記数法に関しては中学校１年生くらいでしっかりと扱う。そのときに例えば，各桁の各位の数 a_n，a_{n-1}，…，a_2，a_1 を $a_n a_{n-1} \cdots a_2 a_1$ と１列に並べた列で表したもの（ただし，a_1，a_2，…，a_n は０以上 $p-1$ 以下の整数）で，$a_n p^{n-1} + a_{n-1} p^{n-2} + \cdots + a_2 p + a_1$ という整数を表しているんだと教える。これは p 進法ですね。p 進法を中学１年くらいで教えるのはすごく面白い教育実践じゃないかと思います。というのは「各位の数の和が９で割り切れることが，その全体が９で割り切れるための必要十分条件である」というのはただの十進法の特性でして，例えば p 進法でいえば，各位の数の和が $p-1$ で割り切れることが全体が $p-1$ で割り切れるための必要十分条件であるという定理のたまたま p が十という特別な場合にすぎないからです。小学校の常識が，実は無知の上に成り立つ砂上の楼閣であったと気付く生徒が輩出することでしょう。

このような倍数の判定法を，今の教科書のように単元の一番最初でやって，最後に位取り記数法をやるというのは，非常におかしな話ですね。

できたらそういう矛盾が起きないように，学校で独自のカリキュラムを作ることは私立高校だったらできるんじゃないかと思います。ですから，単なる前倒しは意味がなくて，公立校が押しつけられて逃れられないカリキュラムを進んで改善することには，大いに意味がある，と私は思います。保護者に数学者がいれば大絶賛してくれるでしょう。

それは叶わぬ夢としても，少しおっちょこちょいな保護者がいて，「うちの子どもの学校では，世間で高校１年でやっているのを中学１年でやっているんです」と「自慢」していただくのはいかがでしょう。数学を知らない人ほどケロッと信じるでしょうから学校の宣伝にも効果的だと思いますね。「単に他校のように１年前倒しししているのとは違います。うちは，はるかに大きな前倒しを含め，より効率的なプログラムを作っています。」このくらいの広報は許されるんじゃないかと思います。

次は，さらに二項定理が続いて「$(x+2)^7$の展開式においてx^4の係数を求めよ」，なんにも面白くないですね。これは教科書に必ず載っている例題か問いの１つだと思いますけど必要悪のようなものでしょう。そもそも，教科書に載っているのと同じような問いを試験に出すということは私に言わせると，それ自身が犯罪的な意味を持っている。なぜかというと，子どもたちから考える機会を奪って子どもたちに教科書に載っている問題を覚えれば先生に褒められるんだと誘導するからです。こういう問題を試験に出すことで，子どもたちを考えない方向へと誘導してしまうということです。だから，本当は，こういうことは絶対に避けるべきなのに，日本全国の数学教育が実はこういう方向に流れているのではないかと私は不安を感じます。

ここにいらっしゃる先生方は大学の数学科のご出身の方が多いと思いますので，大学の数学教室の悪口をちょっと言おうと思うんですが，結局，大学での数学が分からないまま卒業生を世に送り出している大学が圧倒的に多いのではないかと思います。それは数学が難しいから，分かる学生がいないからではなくて，多くの大学の教師が，何の工夫もせずに，東大で教えている教材を少し縮小再生産して同じようにやっている。だから多くの学生にとって，意味の分からない全く面白くない数学の教育になっているということだと思います。大学の４年間，学生たちが数学と出会う機会を用意しながら，学生たちを数学で感動させることができないでいる。学生は殊勝にも大学の数学は難しかったという感想は持って出てくれますけど，大学で数学を勉強して本当に良かった，そういう誇らしい思い出を持っている数学科の卒業生は決して多くはない。そしておそらくそういう卒業生たちがさきほど来引用しているような意味の乏しい，問題のための問題を作って，それで数学を「指導」したと思い込んでいるんだと私は思います。この責任はこの先生個人にあるのでは決してなくて，こういう先生を送り出した大学の責任がとても重大です。そういう人を採用した人事担当者の責任に至っては，民間会社なら「即刻クビ」というくらいの厳罰ものです。一人の無能な社員を抱えたら，会社の財政負担は巨大な金額になるからです。

さて，その次の「整式A，BについてAをBで割ったときの商と余りを求めよ」ですか。これ，小学校でなら「1269を25で割った商と余りを求めよ」，そういういわゆるlong divisionの整式版ですね。私は，筆算の余りつき割算と呼んでいます。上の場合だと，最初に，5を立てて125。これを126から引いて1，後は19ですから，0が立って19が余り。そういうふうにたった2段階で終わりましたので，longではありませんでしたが，一般には長い手続きになりますね。そういう長い筆算の手順を覚えることは最初はとっても難しく，理論的にも面白いことだと思います。

でも小学生の課題ですよね。これを多項式にしたからといって特にすごく面白いわけじゃない。なぜ多項式でlong divisionと同じような筆算をするかと，それは大学の数学の言葉では，多項式全体が整数全体と同じように「ユークリッド環」を作るという性質のためです。つまり，環Rの任意の元a，bに対して，$\exists q, r \in R$，$a=bq+r$，ここでrがある条件に拘束されます。普通の整数だったら$0 \leqq r < b$ですね。もちろん，$b>0$として，です。これが多項式だったら（rの次数）<（bの次数）という条件になるわけです。

これを見ると，ここのところで，あれ，変だなと思いますね。整数のときは，$r \geqq 0$ という条件があったのに，多項式ではこれに相当する部分がない。なんでもう1つの不等式がないのか。ふつうは不思議に思います。ここで数学的な思索が1つ始まる。高校数学としてもすごく面白い話題だと思うんですけれども，それは3とか4とかの定数は多項式として次数が0なんですね。だけど，定数0だけは次数が0ではなくて，次数は$-\infty$と考えるわけですね。

どうしてそういうふうに約束するかというのはちょっと考えればお分かりになりますけど，それを整数の世界でやっていた，「rが0以上」という議論に対応する「rの次数$\geqq -\infty$」という自明な式になるので省略するわけです。

多項式全体は，整数と同じようにユークリッド環でありますから，「単項イデアル環」であり，したがって素因数分解が一意的にできる。そういう大学で学ぶ重要な定理がこの割り算から帰結するわけですが，この割り算をして商と余りを求めるという計算それ自身は，整数の場合の商と余りを求める計算自身には大して意味がないのと同じようにくだらないんです。整数のときのほうがよっぽど難しいと言わなければいけないと思います。

ちなみに，long division をほとんど100%の小学生ができるという国は日本とシンガポール，韓国，台湾，香港くらいだと思います。世界中で例外的な国々だと思います。整数であっても long division は技術的には結構難しいんです。

この中間試験問題では，商と余りを求めるという問題がこの後も延々と続きます。退屈なので飛ばしましょう。

そしてその次は，分数式の部分分数分解という話題です。分数$\dfrac{4x}{x^2-4x+3}$を部分分数分解する，この問題のような，定数a，bが一意的に存在すること，したがって決定できるということはすごく面白いことですけど，定数a，bを決定するプロセスそのものは機械的な作業ですから，何も面白くないですね。ちなみにこの話題で大いに盛り上がるであろう有名なテーマを１つ先生方に紹介しましょう。

$\dfrac{4x}{x^2-4x+3}$が式として$\dfrac{a}{x-1}+\dfrac{b}{x-3}$と等しくなる。これはどう解釈するかというと，右辺を$(x-1)(x-3)$で通分してやると分子が$a(x-3)+b(x-1)$，これを左辺の分子である$4x$と比較するというふうにするわけですね。

おそらく標準的な解答は右辺の分子を降冪(べき)の順に整理して，$(a+b)x-3a-b$とし，それを左辺の分子$4x$と，見比べると，…とやる方法ですが，これって手順としては最悪に近いものです。本当は展開しないで$4x=a(x-3)+b(x-1)$が恒等式になるための必要条件として，$x=1$のときと$x=3$のときに成り立たないといけないと考えると，$a=-2$，$b=6$がすぐに分かります。両辺はxのたかだか１次式ですから，関数のグラフでいえば直線でありまして，xの異なる2つの値で一致しているならば，至るところで一致する，つまり，上の議論は十分性も最初から保証されているわけです。

しかし，「盛り上がる」というのはここからです。xに1や3を代入するというけれどもこれらは，分数式の分母を0にする値ですから，本来は代入してはいけない，と習っているはずですね。代入してはいけない値を代入するとうまくいくのはなぜか？これは教室では大いに盛り上がる話ではないでしょうか。

簡単な種明かしをしますと，分母の等しい分数の等式の分子どうしを結ぶ等式が1と3を除く任意のxに対して成り立つということは，両辺ともxの連続関数ですから，$x=1$や$x=3$も含めても成り立たないといけない。こうして，「$x=1$，3を除く任意のxに対して$4x=a(x-3)+b(x-2)$が成り立つ」ことと「$x=1$と$x=3$で$4x=a(x-3)+b(x-2)$が成り立つ」こととが必要十分条件であるということになります。初等的ですが，高校生には，結構面白い話ではないかと思います。

しかしここで，注意が必要です。これが理論的に理解できるのは，数Ⅲまでやった人たちだけであり，しかも部分分数展開が必要になるのは，分数関数の積分を計算するときで，それまではわずかな例外を除いては必要ないわけですから，数学の勉強を生涯これで終えてしまう，数学を入試で必要としないと決断させて「文系」と分類された高校2年生に対して，こういう中間試験問題を科すことは私としては筋が悪いと思います。両辺に積分記号がついて初めて面白い問題になるという，数学で基本的なストーリーを見失っているように思うからです。

その次の等式 $(a^2+b^2)(c^2+d^2)=(ac+bd)^2+(ad-bc)^2$ の証明に至っては最悪ですね。もちろん，この等式は，すごく重要な関係です。ここでは文字が4個だけですから，証明は簡単なんですが，ベクトル $(a,\ b)$，ベクトル $(c,\ d)$ をそれぞれ例えば $\boldsymbol{u}$，$\boldsymbol{v}$，と置いたとすれば左辺は $\|\boldsymbol{u}\|^2\|\boldsymbol{v}\|^2$，右辺にある $ac+bd$ は $\boldsymbol{u}$，$\boldsymbol{v}$ の内積の2乗です。他方，右辺の第2項にある $ad-bc$ は $\boldsymbol{u}$，$\boldsymbol{v}$ を縦に並べた行列の行列式 determinant ですね。だから $(ad-bc)^2$ は行列式の2乗というわけで，ベクトルで強引に表現すれば，$\|\boldsymbol{u}\times\boldsymbol{v}\|^2$ ということであり，面白そうな予感のする関係です。さらに a，b，c，d を整数とすると，二つの整数の和で表される整数の積が，また二つの整数の和で表される整数になるという驚くべき関係です。しかし，実は，実の整数 x，y を用いて $x+yi$ と表される Gauss の整数を考え，$\boldsymbol{u}=a+bi$，$\boldsymbol{v}=c+di$ とおくと $\|\boldsymbol{u}\|^2\|\boldsymbol{v}\|^2=\|\boldsymbol{uv}\|^2$ という自明な関係式なんです。こういう興味深い重要な事実に対応しているものではありますが，そういう知識に接することのない「文系の高校2年生」に対する数学の中間試験問題として面白いか，というといかがでしょう。左辺を展開して，右辺の2項

をそれぞれ展開してそれらが等しい，というだけですね。両辺の差をとれば0になって終わり。そんなことをやって何か発見があるんでしょうか。子どもたちにとってこの式と出会ったことが人生にとって貴重な体験だったと大人になってから思い出してもらえるのでしょうか。そんなことは全くないでしょう。私自身も子どもの頃，この問題に出会って，この式はどうやって発見したんだろうと疑問に思いましたが，その答えを発見できませんでした。やがてこの公式が実は面白い意味を持っているんだということが分かりましたけれども，この問題が単なる等式の証明問題として出題されたときには，面白さがわかりませんでした。

「等式・不等式の証明問題では，両辺の差（左辺）−（右辺）をとって，これを計算していって，それが0とか0以上になることを示せばいい」――こういうふうに叩き込んでしまうと，すごく大きな弊害があります。平凡な等式ではこのようにしてみんな簡単に「証明」できるんですが，不等式を証明するといったときには，一般にこの手法が通用しません。変数が少ないときの相加平均≧相乗平均やコーシーの不等式などはたまたま（左辺）−（右辺）≧0とかで証明できてしまう，例外的に簡単な場合ですが，一般にはダメです。しかし，ちょっと考えてみれば，不等式を証明するのに，（左辺）−（右辺）を計算すればよいという指導が正しくないことは「$x^2+x+1 \geqq 0$を証明せよ」という問題を考えれば明らかですね。右辺がもともとゼロになっているときにこれを証明するには，(左辺)−(右辺) をやっても，不等式は全く変わらないわけです。

しかし，このような試験問題の考察は不毛ですからこのくらいにして，もうちょっと高い立場に立ってみましょう。

初等数学にある簡単でちょっと高級な話

等式と不等式

等式の証明と不等式の証明というのは数学的には本来全く異質なものなんです。等式ではすべての文字についての主張であって，その中に含まれる文字 a，b，c，d は実数を表していなくても演算が定義されるようなものであれば何でもいい。それに対して，不等式では，その中に現われる文字が実数範囲を超えては話になりません。

等式中の文字は代数における形式的な「超越元」の話であるのに対し，不等式はいわば関数の話であるわけです。等式の証明と不等式の証明が教科書では1つの単元にまとめられていることは，数学的には最低最悪です。それは教科書の都合とかあるいは教育課程の都合，つまり，大人の勝手でそういう形になっているだけなんです。ですから等式の証明なんかは，(左辺)−(右辺) を計算すればいいというだけですから，こんなのは中学1年生でも十分にできる。

他方，不等式というのは大人の話です。例えば，$\sqrt{2}+\sqrt{3}>\pi$という不等式の証明はすぐには分かりませんね。なぜかというと，これが本当かどうかも分からない。もしかしたら正しいけれど，調べてみたら不等号の向きは反対かもしれません。仮にこの不等式が成り立つとしても，左辺と右辺との間にはちょっと“ゆるみ”があります。等式の場合は，左辺と右辺がぴったり等しく，ゆるみがないので証明が簡単なんです。

ですから，不等式の証明は，高校に先送りして，等式の証明とははっきり分離する方が良い。そうしたとしても不等式はゆるみがある分だけ難しい。つまり，例えば $\sqrt{2}=1.4142\cdots$,，$\sqrt{3}=1.7320508\cdots$，これを，上の桁から順に，下位からの繰り上がりを随時修正しながら加え合わせていくと，3.146…。これは$\pi=3.14159\cdots$，つまり (左辺)>3.146，(右辺)<3.146。このように3.146という両者の間にある数を発見することによって初めて証明できるわけです。不等式の証明はそういう途中項を挿入することがしばしば必要なので，大人の技なんです。解析学において必須の技であるといっても良いのですが，正確には解析学とは不等式を駆使することによって組み立てられる世界であるというべきでしょう。等式の代数の世界とは大きく異なるのです。

意味の乏しい不等式の解法の早期教育

今の学校教育だと，なんのために不等式をやるか，に答えることができない。不等式を学ぶことにほとんど意味がないからです。

今の学習指導要領では，中学３年か高校１年で，１次不等式を教えますね。１次不等式を教えるときに，１次方程式の際に教えた等式の性質，例えば $a=b$ ならば $a \pm c = b \pm c$ が，不等式でも同様に成立する，すなわち，$a>b$ ならば，$a \pm c > b \pm c$。こういうふうに不等式の性質と等式の性質がパラレルに論じられるので，不等式でも，等式同様，移項ができる。「ただし，不等式については両辺を負の数で掛けたり割ったりするときには不等号が逆転する！」――そういう例外的なことを強迫的に教えるんですね。でも $a>b$ であるならば，移項だけで $-b>-a$ となることがで説明でき，これは両辺に（－１）を掛けた結果と同じです。不等号の向きが逆転するということだけを強調する不等式の教育はあまりに空しい。１次方程式 $ax=b$ を解くのと１次不等式 $ax>b$ を解くことに大きな区別がない。解法に関していえば，本質的には同じです。だから１次方程式を解ける人は１次不等式も解ける。しかも $ax=b$ の答えは $x=b/a$。$ax>b$ の答えは $a>0$ のときにしますが，$x>b/a$。変わっているのは等号が不等号になっているというだけで，実質的には何も変わらない。ということは１次不等式は早くやっておいても意味がない。１次方程式さえしっかり分かっていれば１次不等式の解法は分かるに決まっているわけです。

不等式の意味

逆にいえば，不等式はなんのためにやるのか，という目的が明白に言えないと，教育的意味があまりに貧困です。今の学校教育，教科書の中では，不等式の意味はほとんど語られていません。相等性を表す等号の代わりに大小関係を表す不等号を使うというだけです。

不等式の本当に重要な役割は何でしょう。例えば，我々はπの値を約3.14といいます。ここで，「約等しい」という，実用的だが論理的にいい加減な表現は，数学的にはどういうことなのか。そう聞かれると，少し困る人が少なくないでしょう。「だいたい」とか「約」なんて表現が厳密さをうたう数学で許されるんでしょうか？

実は数学では$3.14<\pi<3.15$という具合に不等式を用いて近似値を明確に論じることができます。不等式というのはだいたいこうであるということを，絶対的な厳密性と明晰性でもって語る基本的な道具なんです。ですから，不等式を教えるのに一番簡単な素材は先ほど引用している無理数の計算です。

悲惨というべきしい「先取り教育」の実態

ところが最近の学校では無理数の計算という題目で，無理数が教えられていない。多くの「進学校」では無理数を先取り学習で中2とか中1で教えているようですが，そこで，やっていることは単に，$\sqrt{8}+\sqrt{50}=2\sqrt{2}+5\sqrt{2}=7\sqrt{2}$のような馬鹿馬鹿しい計算ばかりです。この計算は，$\sqrt{2}$ をaと表せば本質的には$2a+5a=7a$という計算，究極的には$2+5=7$という小学校低学年の計算に過ぎません。

こんなものを，無理数の計算を「先取り」していると大袈裟に宣伝している学校がありますが，これでは，自分達の数学教員が低学力であることを告白して反宣伝しているようなものです。$\sqrt{8}$が$\sqrt{8.1}$となった途端，こういう計算術ももう通用しなくなります。たまたま簡単にできる例外的な場合だけを取り出し，それを無理数の計算と言っているんですが，それは無理数の計算じゃなくて文字式の計算にすぎない。

意味のある先取り教育

私が先生方にぜひ扱って欲しいと願うのは，例えば$1.4<\sqrt{2}<1.5$という不等式です。これはどうやって示すか，これは各辺を2乗すれば簡単に示せます。計算を頑張れば$1.41<\sqrt{2}<1.42$や$1.414<\sqrt{2}<1.415$なども証明できますね。こうしてい

くらでも$\sqrt{2}$の近似小数の精度を上げていくことができます。もちろんもっと良い方法があるのは生徒には内緒です。

余裕があればさらに実践してほしいのは先ほどの$\sqrt{2}+\sqrt{3}$のようなものです。これはけっこう難しい話です。$\sqrt{2}$と$\sqrt{3}$を小数で表せば簡単そうに見えますが，無限小数では，上位からの計算では，位上がりがあるかもしれないので少し厄介です。評価する不等式を加え合わせるわけですから，難しくいうとこれはコンピュータ計算の基礎となる誤差論に発展する話題で，浮動小数点を使いながら，精度保証ができるかという重要な話題に発展します。

多くの先取り学習をしている実践現場では，無理数についてこういう本格的な話というのは全く触れられていないようですが，それはつまらないことを先走って練習のための練習をしているだけで，それでは本当の先取りにならない。子どもの立場から見ていれば，自分たちが数学を好きになるための無意味で何の役にも立たないことを先取り学習と称して押し付けられているのであれば，子どもたちの利益に反することではないでしょうか。

公立 vs. 私立

公立校と私立校，日本には大きく分けてこの２つがあるのですが，どちらが良いのか？最後にもう一度この問題を私自身の経験に基づいて問題提起してみましょう。

私自身は実は明治大学で教員を第一志望とする理学系数学科の学生に対して数学を教えるというミッションにつく前は，公立の方が良い（正確には，より少なく悪い）と思ってきました。それは，公立ならば採用されて一定期間経つごとに転勤があり，１つの私立学校の閉鎖的な世界で何十年間も嫌な人間関係の中にいるよりは，ときどきリフレッシュして良いんじゃないか，そう思っていました。

というのは，私自身は私立学校の出身で，私立の世界がいかに狭いか。生徒の目から見てもそう思えたんです。生徒の目から見て学科の実力がない先生が，だからこそでしょうか，偉そうに威張っていて，実力のある先生の発言力が狭められているという不合理は生徒から見て非常に辛いものでした。

私がその先生に，「先生，もっと堂々と主張してください。偉そうにしているあの先生は，学問のことは何も分かっていないんだから」といって，生徒が先生を励ますこともありましたけれども，やっぱり私立だと人間関係が非常に狭いですよね。そうならざるを得ないのかなと思っていたのです。

でも最近，この考え方を変えました。さっきのように私立だからこそできる，いまの教育現場の中で，すごくもがき苦しむような矛盾の中にあっても私立だったらば少しはなんとかなる可能性があると思うようになりました。公立がなんでこんなにダメになってしまったか，いろいろ外的な要因はたくさん目につくのですが，もっと決定的な原因に私は初めて接近できました。

それは学生の協力で，ある県の昨年の教員採用試験を見たからです。どこの県であるかを隠して引用しましょう。

問1　数学的活動を通して，数学における［ア］的な概念や原理・法則の体系的な理解を深め，事象を［イ］的に考察し表現する能力を高め，［ウ］を培うとともに，数学のよさを認識し，それらを積極的に活用して数学的論拠に基づいて判断する態度を育てる。

問2　整式の乗法・除法及び分数式の［ア］について理解できるようにするとともに，等式や不等式な成り立つことを［イ］できるようにする。また，方程式についての理解を深め，数の範囲を［ウ］まで拡張して二次方程式を解くこと及び因数分解を利用して高次方程式を解くことができるようにする。

問3　指導に当たっては，各科目の特質に応じ数学的活動を重視し，数学を学習する［ア］などを実感できるようにするとともに，次の事項に配慮するものとする。

（1）自ら課題を見いだし，解決するための［イ］を立て，考察・処理し，その過程を振り返って得られた結果の意義を考えたり，それを発展させたりすること。

（2）学習した内容を［ウ］と関連付け，具体的な事象の考察に活用すること。

（3）自らの考えを数学的に表現し根拠を明らかにして説明したり，議論したりすること。

問題は上の空欄に，問1ではそれぞれ

・基礎／基本

・数理／数学

・創造性の基礎／数学的な考え方

のどちらが入るか，問2ではそれぞれ

・四則計算／計算

・説明／証明

・複素数／虚数

のどちらが入るか，問3ではそれぞれ

・意味／意義

・構想／見通し

・日常／生活

のいずれが当てはまるか，という選択肢です。

いかにも役所的な作文のキー・ワードを選択肢から正しく選べというのですが，数学における「基礎」的な概念なのか，「基本」的な概念なのか，事象を「数理」的考察するのか，「数学」的に考察するのか，「創造性の基礎」を培うのか「数学的考え方」を培うのか，こういう2者選択なんですね。本来は8通りあるべき選択肢の中で6通りしかないことが面白いくらいの問題で，これが問題として何を意味しているか。行政トップの発する指令に対していかに従順で，無批判的に従う人間であるか，それともそういう声を無視して自分の頭で勝手に考える人間であるかとチェックしているわけですね。

「最初の問題からこれかよ」と私はそう思って大変大きなショックを受けました。これは最もひどい例ですが，今首都圏の教員採用試験は多かれ少なかれ，こういう風潮のようです。

こんなことなら，少なくとも首都圏の公立なら絶対に私立が良い！そう思うようになりました。こんな採用試験の段階から，数学の実力や教師として一生を捧げる人間的適性を見る前に，従順性や思想信条のチェックがまず第一に行われるような職場はたまったもんじゃありません。行政の意志を反映した校長が「右向け」と言ったら右，「左向け」といったら左という感じですね。

中学・高校生を教える教員に対してこういう露骨な人事政策を執ることは，都民・県民が許さないことだと思います。その昔，踏絵ってありましたね。教職を志望する若者に対する試験として，かつての隠れキリシタンに対する踏絵と同様の悪質な弾圧だと思います。

さらにひどいのはその数学の問題です。

問1　二次方程式 $x^2-ax-a+8=0$ が異なる2つの正の実数解をもつ。定数 a を整数とするとき，a のとりうる値はいくつあるか。

問2　300以下の自然数のうち，正の約数が9個である数はいくつあるか。その個数として最も適切なものを，次の①～⑥のうちから選びなさい。

問3　十進法で表された数0.816を，五進法で表すとき，その数として最も適切なものを，次の①～⑥のうちから選びなさい。

問4　関数 $f(x)=\sin(\log x^{\pi})$ の $x=e$ における微分係数として最も適切なものを，次の①～⑥のうちから選びなさい。ただし，e は自然対数の底とする。

問5　整式 x^{27} を x^2+x+1 で割ったときの余りとして最も適切

なものを，次の①～⑥のうちから選びなさい。

問 6　方程式 $3^{2+\log_2 x} \times x^{\log_2 3} + 8 \times 3^{\log_2 x} = 1$ の解として最も適切なものを，次の①～⑥のうちから選びなさい。

問 7　2つのベクトル$\vec{a}$，$\vec{b}$において，$|\vec{a}|=3$，$|\vec{b}|=5$，$\vec{a}\cdot\vec{b}=10$である。実数tに対して，$\vec{p}=\vec{a}+t\vec{b}$とするとき，$|\vec{p}|$の最小値として最も適切なものを，次の①～⑥のうちから選びなさい。

問 8　数列$\{a_n\}$の初項から第n項までの和をS_nとする。$3S_n=a_n+6n+1$（$n=1,\ 2,\ 3,\cdots$）が成り立つとき，$\lim_{n\to\infty} a_n$の値として最も適切なものを，次の①～⑥のうちから選びなさい。

問 9　二次曲線 $5x^2+4y^2-30x+16y+41=0$ の2つの焦点の間の距離として最も適切なものを，次の①～⑥のうちから選びなさい。

問10　曲線 $y=\sqrt{2x+6}$ と直線 $y=x-1$ および x 軸で囲まれた部分の面積として最も適切なものを，次の①～⑥のうちから選びなさい。

問11　$\lim_{x\to 0}\frac{\sqrt{\cos 6x}-\sqrt{\cos 2x}}{16x^2}$の値として最も適切なものを，次の①～⑥のうちから選びなさい。

問12　$\left(\frac{(1+i)(\sqrt{3}+i)}{2\sqrt{2}}\right)^{12}$を簡単に表したものとして最も適切なものを，次の①～⑥のうちから選びなさい。

問13　正方形ABCDを底面とする四角すいOABCDがある。OA＝OB＝OC＝OD＝$\sqrt{6}$，AB＝$2\sqrt{6}$，辺OCの中点をMとする。点Pが辺OB上にあるとき，MP＋PAの最小値として最も適切なものを，次の①～⑥のうちから選びなさい。

第1問，この問題，何が面白いんですかね。これは出来の悪い中間試験や大学入試問題であり，気の利いた高校1年生に出題したら，馬鹿にされる問題でしょう。そもそもなんでパラメータの$-a$，$-a+8$が入っているのか，これは数学ができない高校生でもこの問題を解いて唯一の正解に達するようにするために，わざわざこうするわけですね。

もし，教員志望の人に出すんだったならば，せめてもう少し知的に一般化して，「$x^2+ax+b=0$が，$x>c$の範囲に相異なる2つの解をもつための実数の定数a，b，cの必要十分条件を求めよ。」このくらいのがなぜ出題できないんでしょうか。択一式試験だから，は口実になりません。必要そうで十分でない，十分そうで必要でない誤答例を作るのはたやすいことだからです。

上の問はこの問題の，たまたま a のところに $-a$ が入り，b のところに $-a+8$ が入る。そして c のところに0が入る。そういう特殊な話に過ぎません。そういう特殊な話は子ども向けのドリルのときには良いんです。でも，大人に出す問題じゃないですよね。

問２，何を言っているのかな，と一瞬思わせますね。でも300以下の自然数は所詮は300個ですから，シラミツブシに調べたって大したことはないでしょうけど，「約数が９個」というところが重要なヒントですね。$9=3^2$ が重要な条件で，一般に自然数 n の正の約数の個数は，n の素因数分解がわかれば簡単な式で得られる，という事実に気付くかどうかです。

高校生に対する問題としては，面白い（異なる素数 p，q を用いて $(pq)^2$ と表される300以下の範囲に何個あるか）と思いますが，この解法を支えている素因数分解の一意性という定理の根拠は何か？――中学・高校の先生を志望する人に対してだったらそういう理論的な核心を聞いてほしいですよね。それは整数全体がユークリッド環をなすというもっとも基本的なことが分かっていなかったら，こんな問題が解けてもそれだけではその辺の高校生と全く変わらないじゃないですか。

問３の話はすでにやったので飛ばして問４に行きましょう。これもすさまじいですね。関数 $f(x)=\sin(\log x^{\pi})$ ってなんですかね ?! 当然 $\sin(\pi\log x)$ の導関数の $x=e$ における値を求めるということになりますが，高校生のドリルレベル以下ですね。そもそも何のためにこんな関数を考えなきゃいけないのか。

関数というのは数理世界を描写するための必須のツールです。例えば，なんで中学校で１次関数を教えるのか，１次関数はくだらないわけですが，なんで１次関数から教えるのか？それは私たちはやがて微分というのを教えるための準備なんですよね。あらゆる滑らかな関数に対してその関数の局所的な振る舞いは１次関数で近似することができるんだ。だから１次関数について理解しているということが微分を理解するための基本になるから１次関数を最初にやるわけです。

では，三角関数をやるのは何のためですか，指数関数をやるのは何のためですか？対数関数をやるのは何のためですか，それらにはみんなちゃんとした理論的理由があるんですね。

上のような出題をする人は，おそらく，このような根本的な問題を考えたことがないのだと思います。だから，いろいろ組み合わせると「総合的知識の有無が判断できる良問ができる」と思うのでしょうが，初心者の油彩のようで，絵の具を厚塗しても重なりが美につながらないのが「残念！」というところです。

例えば三角関数を教えるのは何のためか，それは，振動現象，周期現象というのを教えたいわけです。今日（2016年11月22日）も東京で大きな地震がありましたけれども，すべての周期的な波はsinとcosで表すことができるというフーリエ級数という大発見があって，これのための基本の準備になっているんですね。“サインコサイン何になる？”と，そう嘘ぶく若者が多いんですが，サイン，コサインくらい実際の役に立つ数学は他にないといって良いくらいです。三角関数くらい，我々の身近な数学はない。

他方，logという関数もすごく大切な関数です。対数が実用的になんのために必要であるかというと，ものすごく広いレンジのデータをコンパクトにプロットするのにすごく役に立つんですね。例えば数直線で０，１，２，３，４，５，…と等間隔にとっていけば，この辺までいけばやっと10ですよね。しかし，それに対して，直線上に等間隔に１で，10，100，1000，…こういうふうに10倍ずつとっていけばごく狭い間隔でものすごく巨大な数から極めて微細な数まで表現することができるわけです。

これが対数の基本的な意味で，今日の地震はマグニチュード7.5と言っていましたから，巨大な地震ですよ。平凡な地震というのはマグニチュード４とか５とかそんなものです。マグニチュードというのは１上がると，地震のエネルギーが何倍になるかを，微細な地震から巨大地震まで表現することができるように，対数スケールでできているんですね。私は，最近もっとも良く使われているマグニチュードの定義自身をちゃんと覚えていないんですが，確か2つ上がって1,000倍になるのではないでしょうか。だからマグニチュードが1上がると$10\sqrt{10}$倍，約31倍です。だから，マグニチュード5の地震とマグニチュード7の地震というのはそれだけで1,000倍のエネルギーの違いで，まさに桁違いなわけですね。東日本大震災のときにはマグニチュードは9でしたから，マグニチュード5の地震と比較すると$(10^3)^2$つまり百万倍です。ものすごく巨大なエネルギーの違いになるわけです。こういうのをすぐに想定できるのは生活の苦労のない科学者だけで，一般の人には少し酷ですね。

しかし，マグニチュードのニュースを聞いて正しく判断できるためには，対数をちゃんと理解する必要があります。残念ながら，我が国のジャーナリストは，その辺りの教養が乏しいと感じます。それは，高校できちっと教えないからでしょう。高等学校では$\log(x^\pi)$は$\pi\log x$と書き直せる，というようなくだらない，全くおいしくない数学ばかりを教える。対数を利用することで我々の数理世界がどれくらい豊かになるかということを教えないといけないのに，それを教えていない。残念ながらこのような問題を教員採用試験に平気で出している人たちもそういうことを知らないんだと思います。

実はどれも「問題のための問題」なんですね。出題メンバーの方々は対数版がよっぽどお好きなんですね。すでに論じた問5を飛ばしてその次の問6に行きましょう。もっとひどいのは「工夫」の進んだこれかも知れません。この出題者が対数を「溺愛」していることはわかりますが，この問題に何の意味があるのか，私には分かりません。複雑そうに見えますが，$3^{\log_2 x}$ と $x^{\log_2 3}$ が同じものであることを「見破る」だけの問題に過ぎません。（一般に1でない正数 a，b，c について対数の定義から $a^{\log_b c}$，$c^{\log_b a}$ は一致します。）繁雑な形をしていますが，$3^{\log_2 x}$ についての簡単な2次方程式の問題に過ぎません。

こういうのは，いじめ問題としては意味があると思うんですね。基本的な力もないくせに生意気な生徒たちをいじめることによってどうだ！と言って先生が強がってみせる。そういうときには有効な武器になるかもしれません。生徒がいじめを通して「（いじめに）強い子に育つ」？という効果もあるかもしれません。でも，その生徒の中に高尚な学理への憧（あこが）れの気持ちを芽生えさせるとか，数学を好きにさせたいというときに，こういう問題が有効であると本当に信じているとしたら，私には信じられません。

具体的な話は私も大好きな方なので，やり出すときりがなくなっちゃうので，時間の関係からこの辺りでやめますが，公立学校の求める理想の教師像がこの程度のものかと知ってとても落胆しています。

大学入試センター試験対策の愚かさについて

最後に，私立校にとって重要な問題として大学入試センターの試験問題に一言触れておきたいと思います。センター試験という制度が今の若い人々に気の毒なのは，ちょうど公立校の教員採用試験と似た，しかしより見通しの悪い穴埋め形式で，しかもそれよりも，うんとたくさんの量を短い時間でこなさなければいけないことです。センター試験を受験しようとする生徒はセンター試験に対する対策として本番そっくりなこの《穴埋め形式》の問題でトレーニングをする，それが最善の対策だときっと信じているんだと思います。

しかし私はそういう対策はセンターの対策になるのではなくて，むしろ対策の反対，反対策，つまり，センター試験に対して怖気づき，おびえ，そしてその問題を短い時間でやることがいかに困難であるかということを思い知らされるという経験にしかならないと思います。

本物のセンターの問題というのは，本当は穴埋め形式でないならばけっこう良い問題があるんです。でも穴埋め形式にしているために解答者にとってひどく分かりにくい問題になっているんですね。そのひどい問題をひどい形で解く経験が生徒のためになるんだという先入観を捨てて，ぜひ生徒にセンター試験の問題，出題者は何を考えているんだ，そういうことを生徒が見抜けるように指導してもらえたらと思います。

なぜ，センター試験として出題されたままの問題がおいしい数学でないのかというと，まず問題の中になにもチャレンジングな要素がないということですね。

無意味な練習。数学に限りませんけれども，平凡というのは普通は良い意味もあります。平凡な人生も悪くないという言い方を最近若い人たちはよくします。しかし，学問においては平凡というのは悪徳なんですね。穴埋め形式で自然な発想で正解に誘導するというのは，その意味で悪の枢軸みたいなものなんです。平凡であっては絶対いけない。常に人と違うことを考えるということが学問で大切なことであって，それは高校生や中学生であっても同じだと私は思います。みんなと同じようであってはいけない，こういう基本的なことが私は数学教育の中で見失われたらまずいだろうと思います。

問題があまりにも定型化されすぎたりして，考えたり工夫したりする知的な試行錯誤というのを禁止している。「このやり方で解きなさい」というふうに出題されている。これでは数学になっていない，これは《死んだ数学》の典型だと思います。もっとひどい言葉でいえば，《数学でない数学》，羊の皮をかぶったオオカミという言葉がありますけれど，それを真似るなら「数学の皮をかぶった単なるいじめだ」というところでしょう。

国語の漢字テストだったら，漢字をたくさん覚える，そのことによっていろいろな文学の難しいものを読むことができるという可能性はありますけれども，二項定理の公式 $(a+b)^n=\sum_{k=0}^{n}{}_nC_ka^{n-k}b^k$ を形の上でだけ覚えたことでその人の人生が少しでも豊かになる可能性は，まずありえないと思うんです。こんなものを丸暗記するくらいなら『般若心経』を丸暗記することの方がよっぽど意味があるかもしれないと思います。

美味しい数学に向けて

基本的な戦略としては，どういう活動をしたらいいでしょうか，おいしい数学のためのヒント，ということですが，まずは初学者には《空虚に見える数学に命の息を吹き込む》ということです。息というのは「空気」という意味でもあるが，ここでは，「元気」や「勇気」あるいは「気迫」の「気」，そういう「生命の気 spirit」を吹き込むと思ってください。イキイキとした数学の息です。

息を吹き込むためにはまず，定理や公式そして問題の《数学的な意味》をきちっと教えることです。基本的な理論的な意味，言い換えれば今までに子どもたちが知ってきた世界とのつながり，それを語るということ，例えば展開公式に対して，展開公式を例えば先生方の中に $(a+b)^2$ の展開公式を正方形,長方形の面積の関係付けで教えると，子どもたちが喜ぶ，そういう教育実践をやっていらっしゃる方もいらっしゃるでしょう。私に言わせると，これは数学的に決して筋が良い方法ではないんですが，子どもたち，特に中学生以下にはとても有効だと私も思います。今勉強していることが今まで勉強したこととどうつながっているかということを子どもたちに見せてやるということですね。

それからもう一つは，背景的，発展的な意味，言い換えると，より広い世界を拓いて見せてやるということです。その具体例はあとでちょっとお見せしたいと思います。

それから個々の定理や公式のどこに面白さがあるのか，ということを教えることでしょうか。これは意外に難しいことですが，もっと簡単なこととしては，別解を教えるのがこれにあたります。ところで，今の子どもたちは別解が嫌いなんだそうですね。なんでかっていうと，別解をやるとどっちを覚えないといけないか聞いてくるんだそうです。子どもたちをここまで追い詰めた大人の責任は重大だと思います。このような事態はもう子どもたちが死んだ数学にそれほどくたびれているということの証(あかし)なので，子どもたちに心から同情して，「今まで君たちは本当においしい数学を知らなかったんだね，別解の中にこそ数学の楽しさがあるんだ」，そういうことを教えてあげてほしいと思います。

別解というのは，山をアタックするときに様々なルートを考えるようなもので，それが登山の楽しみの１つだと思います。そして，数学的にはくだらないもう１つのちょっとした技巧でさえ，若い人たちにはそういうものも結構楽しいものではないかと思います。

残されたわずかな時間で，具体的な例を挙げましょう。例えば，子どもたちが嫌いな三角比の正弦定理ですが，どこの教科書にも正弦定理というとゴシック体で，こう書いてありますね。

$$\frac{a}{\sin A}=\frac{b}{\sin B}=\frac{c}{\sin C}=2R$$

この形で覚えると言う事が大事だと皆も信じていると思うんですが，これはちょっと変な話なんです。なんでかっていうと，最初の辺にはaとAしか現れていないし，２番目にはbとBしか，３つ目にはcとCしか現れていない。つまり，これは$f(a)=f(b)=f(c)=constant$という形の公式なんですね。とすれば，実はこの公式は$f(a)=constant$といえばそれで済む話です。左辺はaの関数で，右辺はaに無関係なんですから，この式が一つあれば，aをbにもcにも変更できるに決まっているわけですね。つまり，$f(a)=2R$ならば，もう必然的に$f(b)$も$f(c)$も$2R$に等しいに決まっているということです。

しかし，その自明なことを理解させるのは自明じゃない。先生は当たり前だねと言っても，子どもたちは全然納得しないと思います。その子どもたちを納得させるまで当たり前に付き合うことも楽しいことじゃないかと思います。

同様なことが，余弦定理 $a^2=b^2+c^2-2bc\cos A$ にもある。教科書などではこの公式の次に $b^2=\cdots\cdots$，$c^2=\cdots\cdots$ などの公式が並んで載っているんです。ばかげていますね。三角形ABCの二辺夾角を b，c，A として，2辺 b，c と角Aで，第3辺 a を表す関係は，頭を傾けて考えれば，実はその次の公式とその次の公式は出て来るに決まっているわけで，ちょっと考えれば当たり前なことをわざわざ考えないように指導している。

おかしくないですか？教育が大衆化したことによってこういうわけの分からない教育がまかり通っている。「分からない子どもたちがいるから，そういう子どもたちにも分かるように教えないといけない。」そういうふうに思う風潮があるんですが，分かる意味のないことを分からない子どもたちに教えるんだったら，もっとかわいそうです。二辺夾角 b，c，A が決まれば三角形が決まるんだ，そういうことが分かることの方がよほど基本的で，よほど楽しいと思います。

そして $a^2=b^2+c^2$ は昔習った三平方の定理で，$\cos A=0$ の場合に過ぎない，と。これは私がついさきほど触れた「すでに知っている世界とのつながり」です。

他方，背景にある理論，発展的な意味，より広い世界での解法という話題で，本当に教えなければいけないのは，私は

$bc\cos A = \frac{b^2+c^2-a^2}{2}$ だと思います。この左辺 $bc\cos A$ が何なのかというと，2辺の長さ b，c と $\cos A$ の積ですから，まさにベクトルの内積です。ベクトルの内積がこういう形で表される。右辺もベクトルを使って，$\frac{|\vec{b}|^2+|\vec{c}|^2-|\vec{b}-\vec{c}|^2}{2}$ と言えば，これはヒルベルト空間，バナッハ空間を勉強するときに最初に必ず出て来る内積をノルムで表す基本公式になっているわけです。

別にそんなことを高校1年生に教える必要はないけれど，でも例えば，こういう形で決まる $bc\cos A$ は，やがてみんなが勉強するとても重要な概念と結びついているので，余弦定理というのはすごいかっこいい式なんだ，というようなことを，もしちょっとでも伝えられれば，ちょっと発見的，発展的なんじゃないかと思うんです。

余弦定理の面白さはなかなか一口に言えませんけれども，この $bc\cos A$ を表す式は辺の長さ b，c がともに1だとすると $\cos A$ を表す公式です。$\cos A$ は単位ベクトルとの間にできる角の cos ですから，単位ベクトルの回転角を α，β とすれば，要するに $\cos(\alpha-\beta)$ なんですね。それが内積 $\cos\alpha\cos\beta+\sin\alpha\sin\beta$ に等しい。これは，まさに加法定理です。

この加法定理は，かつてプトレマイオス（トレミー）によって天体の観測をするために三角関数表を作ったときに，使われました。彼はこの定理を用いて，いろいろな角の三角比の値を細かく計算的に求めて三角比の表を作成したのですが，加法定理が三角比の基本的な応用として，余弦定理から導かれるということも，私は，時間があったら取り組むべき課題の１つかなと思います。

もちろん，別に高校１年で三角比を勉強するときに全部やらなきゃいけないというわけではありませんけど，ただ基本公式をバラバラに覚えさせるような，わざわざ数学を嫌いにさせることはない。

総合幾何については全面的にとりあげる時間がないのでここでは飛ばしましょう。

大学入試センターという大人の都合で作られたもの，あるいは私立文系という教育ビジネスが大成長した。これが今の高校生が置かれている現実を非常に悲惨なものにしている原因なので，先生方におかれましてはこのことを十分よく理解したうえで，子どもたちと接してほしい。私立文系を選んだ子どもたちは，数学にそれ以上触れることができない，非常に気の毒な子どもたちなんですね。これからのAIの時代に数学を知らずに社会に出ていくということがいかに悲惨なことであるかということ，これはもう自明ということを詳しくお話したいのですが，これも時間がないので少し先を飛ばします。

さまざまな制約条件の中で，しかし，人間，特に若者は成長するわけで，いろいろな社会的な制約から自由になるためには，数学的な思索体験に鍛えられ，深い英知，そして，英知とともに成長する魂の力，言い換えれば品格とか謙譲とか思慮の深さとかいうもの。こういうもののために本物の数学との出会いというのは必須であり，若者の魂を感動で震えさせる科目，数学以外にこんな科目はあるはずがないと思うんです。教科書に書いてあることを否定しても全然おかしくない，という大それたことが数学ではできるんです。漢文の先生に孔子はバカだねなんていったら，いっぺんにシラケてしまうわけですね。だけど数学では，そんなことない。

そういう疾風怒涛の社会変動の大波にあっても必要とされる職種はいっぱいある。大事な子どもたちの多様な創造的能力を発見し，それを叱咤激励して育む教師，この仕事も永遠だと思います。要するに，熟練を要する仕事はなくならないということです。それ以外の仕事は逆にいえば，すべてコンピュータによって取って代わられるということですね。

先生方は先生方にしかできない，そういう仕事を確実にする，そういうプロフェッショナルとして21世紀に活躍する青少年を育てていってほしいと思います。こういうふうに言っていて，私が私立だったら良いなという１点が分かっていただけたと思います。

私は，今のがんじがらめの教育制度の中で，私立だからこそ持てるフリーハンドがきっとあるんだと思うんです。そしてそのフリーハンドを上手に活用することが，今全ての私立の先生たちに，一番本当は私立でピンチなのはだいたい私立学園の理事長には教育の本質的な目的や目標が分かっていない人が多いので，これがなかなか厄介なんですが，なんとか理事長に知的な人を迎えるという算段を先生方はしないといけない。でもそれは，教員の仕事の範囲外ですから，なかなか及ばないところではありますね。

私は，すでに許された時間をすでに過ぎてしまいました。ご清聴ありがとうございました。

ついでながら誤解のないように一言

私立の弱味vs. 公立の強み

本文に論じたように，最近でこそ，公立校の弱味が露呈する場面が目立ち，それが私立校の優位を誘発する機会を増やしているが，これは一種の「敵失に依る優位」に過ぎない。私立校の本来の優位は，その《独自性》にある。すなわち，単なる美辞麗句でない《明確な建学の理念》に基盤をおく，それと整合的な，入学試験，教育目標，カリキュラム編成，授業スタイルの工夫，そのような授業を実現するための基本条件の整備などのはずである。しかし，このような私立校が数多く存在しているとは思えない。圧到的に多くの私立校は，「建学の理念」という抽象的なタテマエと，一流名門校への進学実績を上げて世間に認めてもらいたいというホンネと，「顧客満足ファースト」を掲げる商業主義の三竦(すく)みで，重要な決断ができないまま，日々の問題への対応に追われているように映る。

他方，この私立校の弱点が公立校の強みになっているかというとそうでないのが辛いところである。かつては東京都立の有名高校には明白にあり，いまも首都圏から遠い地方の県立名門高校においてしばしば見られる，多くの私立校の扁平な教育を圧到的に凌駕する《弾力的で高品質な教育》において，私立校に対して超然と構えることのできない公立校が増えているからである。その背景には，ひたすら，文部科学省をはじめとする「上の意向」に敏感である反面，高校進学率が向上し，眼前にいる青年が幼稚化して，かつてのような自由放任で高校生同士が切磋琢磨するという雰囲気が失われていることに大胆な対策を自らの責任で打ち出す行動は回避したい，という戦後3四半世紀，特にこの30年間ほどの間にしっかりと定着してしまった公立校教員の公務員的体質に深刻な原因があるように思う。

しかし，一部の例外を除けば，公立校は疲弊が進む地方経済の中にあってさえ，私立校に比べれば財政的基盤は健全であり，今後，「少子化対策」，「地方再生」，「地域活性化」などの政治・政策的なプログラムとの結合が知的に実現すれば，地域文化の拠点として，弱小大学をも飲み込んで《地域人材育成文化センター》として発展する可能性もある。

そのような財政問題以上に大きな，公立校の圧到的な強みは，多様性に富む教員人材の数と，教員間の相互交流，切磋琢磨の可能性である。しかしこの可能性を現実性に転化させるためには，教員の木ッ端役人的な体質の克服が最大の課題である。とりわけ，「良い授業」「模範的な授業」という架空の方法論的理想を追いかける「授業研究」という奇妙な風習を脱却して，多様な環境で育った多様な能力と個性をもった生徒に対する，魅力ある授業を弾力的に展開するための，学理に依拠し，かつ批判的，創造的に，すなわち研究的に思索することを優先する授業準備のための余裕と授業を含めた学校の公開性の確保は重要なポイントとなるであろう。それを実現する具体策は難しくはないが，この小さなコラム欄に詳述するには，スペースが小さすぎる。

結論を急ぐなら，いまは当然と思われている，わが国特有のあまりに硬直した「学校文化」に対して根底的な批判ができる少し深い専門性と幅広い教養を教員に保証するのが基本である。公立校の教員が学理に基づく教科の指導を忘れて「課外授業の指導・監督の義務」や「生活指導」に奔走している姿は税金の浪費でしかないという市民の声に耳を傾けるべきではないだろうか。

私学が私学の良さを発揮し，公立が私学が達成できない規範的な目標を掲げて互いに存在理由を深化する，もっとも良い意味での競合関係が生まれることを願い，行政にはそのような深謀遠慮の政策を期待している。

第3章

21世紀を生きる本当の力をつける数学教育

以下は学研指導者講習会という私には珍しい場所での講演に基づく。《補償と制約のない非正規教育の世界》で，一層の数理への理解をもって新時代の数学教育という使命を遂行して行っていただきたいという願いを講演した。

はじめに

おはようございます。今日は，「学研全国指導者研修会」ということで，私と同じぐらいの年代の年配の方々が集まられると思っていたら，ほとんどの参加者が妙齢の女性ですね。今ご紹介があったように，私は，若いころ，女子大に勤めておりましたが，いまはその頃以上に，華やいだ気持ちになっています（笑）。教育の秘訣は，やはりこのように学習者の心を惹きつける言葉をアドリブで発することができるかどうか（笑）。いえ，これは単なる冗談です。

教育の核心は，その教室の雰囲気に合った，あるいは教えている一人一人の表情を見て，《その場その場でもっとも的確なアドバイスを発する》ことであり，たとえ考え抜かれたボケ／ツッコミ，あるいは教室が一斉に湧く決め台詞(せりふ)であっても，十年一日の決まり切ったものになると，それは話芸ではあっても教育ではないと思います。芸人のような話芸，あるいは技がときには必要になることはあっても，それが教育的本質でないことを教育に関わるものは忘れてはならないということです。

21世紀を生きる本当の力をつけるための教育＝数学教育

今日は，この会の企画担当者との間で何回か相談をいたしまして，「21世紀を生きる本当の力をつけるための教育」という趣旨でお話をすることになりましたが，そういう教育の重要な教科として，「算数」「数学」がある，と，主張したいと考えています。ここにお集まりの方々は算数・数学の専門家であると伺っておりますので，外部からは数学の我田引水という批判があるかも知れませんが，このような素朴な批判を事前に想定してそういう方々にも数学の大切さを理解し確信していただけるようにいろいろな角度からお話ししたいと思います。

数学教育における温故知新の大切さ

「算数」と「数学」――数の学？

ところで，まず日本では，「算数」と「数学」という用語を区別する風習があるようですが，国際的にみると，これは奇妙なことでありまして，世界中「算数」も「数学」も「マセマティクス」といいます。アメリカでは略した「math」という表現が一般的です。また，数の計算に特化した数学分野を表現するのに「アリスメティック」という単語はあり，これは数を意味するギリシャ語の「アリトモス」に由来するもので，「数論」，ときには古い中国文化に由来して「算術」と訳されます。

反対に「マセマティクス」という表現には，どこにも「数」を表す要素が含まれていないんです。「数学」という訳語は，漢籍の教養に基づいて明治時代に作られたのでしょうが，これは「マセマティクス」の訳としては極端な意訳，むしろ完全な誤訳というべきものです。明治の日本人は，ずいぶん西洋の術語を日本に紹介するのに苦労して，上手な翻訳例もたくさんありますが，「数学」は完全な失敗例というべきであると思います。その訳は少し後で述べましょう。

「算数」「数学」が，数についての学問だと思われているのはそういう翻訳の間違いに引きずられている誤解であると思います。私が数学をやっていると言うと，「さぞかし，数に強いんでしょう」と言われて，なんとも困ることがよくあります。自慢になりませんが，私は１桁の数のたし算とかひき算で間違えることもよくあるくらい計算が苦手な方でありまして，小学生のときにさぼっていたっていうことが，長い人生の中で祟(たた)っているわけですね。

ですから，皆さんの中で小学校の子どもたちの初歩的な計算を指導なさる方は，「君たちの人生は，今の勉強にかかっているんだぞ。今ちゃんとやっとかないと，大人になったときにできなくて困るんだぞ」と言ってきちんと勉強するように指導してくださると良いと思います。もちろん，私のように計算が下手なまま大人になっても困らない数学者という職業が現代では存在し得ることも心に深く留めてください。

マセマティクスの本来の意味

ところで，「数学」が「数」についての学問じゃないとすれば，何についての学問なのか，という問題が生じます。「マセマティクス」という言葉は「マテーシス」というギリシャ語から来ていまして，これは直訳すると「修めるべきもの」「学ばれるべきもの」という程度の意味なんですね。「学習して身につけなければいけないこと」，それが「マテーシス」でありました。「マセマティクス」が，今日のように，もう少し狭い意味で使われるようになったいきさつの詳しい話は置いておきまして，ここでは，この誤訳に乗っかる形で，さらに曲解だとか非難されることを敢えて覚悟したうえで，「マセマティクス」を元々の意味に近い和訳として「修身」を提案したいと思います。戦前の教育を連想させるので嫌だという方には，文科省が進めようとしている「道徳」でも良いんです。人間に進むべき道を教えるのが「マセマティクス」だからです。

数学を一生懸命勉強した経験のない人には，人の進むべき道，つまり倫理を数学が語ることはできるはずがない，とお思いになるでしょう。上に述べた歴史的な常識が今日すっかり見失われてしまっているためです。そのように見失われてしまった理由の一つは，「マセマティクス」の本来の意味を知らずに「数学」という和訳を与えてしまったことにあるのではないかと思います。

数学教育でこそ実現できる教育の使命

少し話はそれますが，教育に関係する不適切な用語に関連して，教育関係者はしばしば「子どもの力をつける」とか「学力をつける」という言葉を使うのですが，「力をつける」っていう表現はおこがましいと思います。教育を通じて「子どもたちに力をつけてやる。」──そんなことは簡単にできることではなく「子どもたちの持っている力を引き出す」のが教育にできる基本であることを忘れるべきでないと思います。子どもたちが本来持っているのだが，そのままでは眠っている力，それを呼び覚ますのが教育ということですね。

これに関連して，ある哲学者の言葉を紹介しましょう。「数学は魂の覚醒である。確かに，魂を感動で揺り動かして，目を覚まさせることである」。数学教育は，子どもたちの中にうとうとと眠っている，人間的精神を呼び覚ますことなんだと思います。数学教育はこんなにすごいことができるんだということですね。お話する時間に制限がありますので，この哲学的問題には軽く触れただけで，「21世紀を指導的に生きる，そういうために必要な力とはいったい何であり，それを鍛えるための教科として何があるのか」。この本題へと移行しましょう。結論的になりますが，「数学こそ，それである。」と思います。

座学なんて古い?!

反対に，最近よく耳にするのは次のような主張です。「いまやICTをふんだんに活用するグローバリゼーションの時代になって，地球は小さくなって，コンピュータネットワーク上の膨大な知識が誰にも開放されているのだから，もはや従来の座学型の知識中心の学習は必要ない。むしろプレゼンテーションやコミュニケーションの能力こそが必要である」とか，「外国人とコミュニケーションをするのに英会話の能力が決定的に重要だ。」とか，「言葉の違う外国の人と一緒に会話して自分の考えを明確に表現し，相手に魅力的に伝えるために，協調を通じた説得力のあるプレゼンテーションの能力はさらに大切である」とか，…，挙げればきりがないくらいですね。このような威勢のいい主張が叫ばれることが多いのですが，私は，必ずしもこれは正しくないと考えています。そうではなくて，「数学こそ，21世紀を生きる力を鍛える教科である」と申し上げたい。この主張をきちんと立証していきましょう。

数学教育の基本テーゼ ── 温故知新

私がこれからお話しすることの基調，皆さんにずっと理解し続けていただきたいと思ういちばん大事なポイントは，「数学の教育における温故知新の重要性」です。「温故知新」というのは，『論語』にある有名な言葉で，「故(ふる)きを温(たず)ねて新しきを知る」と訓読します。孔子は，これが「師」となるための条件であると言っているようです。確かに教師となるには「昔からの伝統的な文化に深い理解を有し，しかも最新の学問的知見にも明るいことが大切である」というのが標準的な翻訳でしょう。

ところで，私は数学教育において，特に最近，この温故知新が大切になっていると思うのです。というのは，数学教育において最近しきりと「新しい数学教育」の理念という怪しげなキャッチコピーが声高に語られ始めているからです。しかし私は，「温故」を軽視した「知新」は軽薄であると思います。

「新しい数学教育」の理念の背景＝懲り固まった数学教育思想

新しい理念が語られる背景には，従来の数学教育に対する批判があります。数学教育は，「試験のための練習問題の反復練習 *Drill & Practice* ばかりである」という厳しい批判です。数学がこのような批判の標的とされるのは，第一には，数学が受験における最重要教科であるという現実を全ての人がわかっているからであり，しかも，《数学がなぜ大切なのか》，《数学がなぜ受験で重視されているのか》，その理由という一番大切な点が全く理解・共有されていないからであると思います。そういう人々から見ると，「単なる数学の問題解法の知識をつける反復練習は，実社会の中に生きるための人間力を育んでいない。」このように批判をするわけですね。

しかし，少しでも難しい入試レベルの数学では，単なる反復練習では，全く通じません。私が予備校の経験で受験勉強にも詳しいというご紹介が先ほどありましたけれども，世間で抱かれている「受験勉強のイメージ」，すなわち素早さや正確さを克己的に鍛錬するのとは正反対に，私自身は「受験のテクニック」のようなものが存在するというのは，一種の教育業界の共同幻想であって，大切なのは《数学が分かるとはどういうことか》，それさえ本当に分かれば，数学の問題は自然に解けるようになるんだ，といい，それを実践的に伝えてきました。今どきの風潮の中では通じなかったかもしれません。良くできるといわれる層の子どもまで，解法の暗記というもっとも非能率な受験勉強の方法に対して，ヒトラー・ユーゲントのように，強く洗脳されてしまっているからです。私が予備校で教えていたのは今から見ると幸せな時代であったのかもしれません。

確かに，数学教育界の一部に，そのような反復練習の勉強スタイルをビジネスモデルとして大成功した企業や，そのスタイルを頑なに信奉する人々もいます。その反対の極に，反復練習を否定して代わりに「アクティブラーニング」という新しいスタイルを唱導する人々がいます。

一般に，教育のように関係者の数が膨大な世界では，あまりに身軽＝気軽な「刷新」は絶対に良いことではないと私は思います。これについては今回は長くお話しする余裕がありませんが，私たちは，反復練習中心の古臭い教育が長く続けられてきたことの根拠，それの持っていた意味，それらをきちんと踏まえることを通じて，古い伝統の上に，より本質的な数学教育を実現するための新しい流れを構想・構築していかなければいけないと思うのです。

ビジネスの世界では，革新 innovation が何よりも重視されますが，教育の世界では，あまりにも気軽な刷新は，先生の「変身」あるいは「変心」。さらに言えば「変節」と言うべきものであり，決して褒められるものではない。むしろ教員としては恥ずべきことであると思います。

最新ツールを利用した数学教育の刷新？

分かり易い例として，「昔はそろばんや暗算が大切だった。しかし今は電卓も普及し，本当に大切なのはタブレットを使った新しい教育である」という主張を取り上げましょう。私自身は，いわゆるタブレットやスマートフォンよりはパソコンの教育の方が重要だと思っていますけれども，いずれにしても教育の「刷新」はこんなふうに気楽に語るべきものではない。反対に言うと，技術革新がこれほど進んだ現代にあっても，そろばんを使った計算，あるいは漢籍の「素読」のような古めかしい教育，カビ臭い教育が全く意味を失ってしまっている，というわけではない，ということです。

もちろん，これに対し，複雑な計算を素早く正確に実行するための反復練習に貴重な学習時間の多くを費やすより，知的な試行錯誤の体験を充実させる方が良いとか，『論語』のように現代中国人にも読めない昔の漢語を強引に日本語化してそのまま読めなくても，分かり易い現代日本語に訳して，それを読めばそれで意味が分かるじゃないか，そういう批判は，十分にあり得るでしょう。

しかし，大切なことは，同時に，そういうそろばんを使った数の計算とか，論語の素読のような伝統的な教育が，現代においてもなお持ち得る意義も，私たちは忘れてはいけないということです。数学に関していえば，そろばんや暗算が得意になるということ，それ自身が重要であるとは私も思いませんが，そろばんを使って加法，減法の数学的な原理の理解に向かう道は，現代においても正統的であると思います。同じように漢籍の素読という教育が現代社会にあってもなお持つ深い意味も，十分あり得るわけです。そういった古いものをカビ臭いといって蓋を閉め切ってしまうのではなくて，現代という時代の特性と永遠の学理の理想，それらを両睨(にら)みにする透徹した洞察力こそが必要であると考えるわけです。

数学における不易と流行

別の言い方をすると，教育においても「不易と流行」。これがとても大切だと思います。「不易と流行」は，有名な俳人の言葉だそうですが，不易というのは決して変わらない伝統の型を守るということですね。一方，伝統にしがみつくようでは硬直してしまうから，常に新しい可能性を探究する，柔軟な精神が大切だということでしょう。それが流行ということだそうです。教育においても「不易と流行」がとても大切であると思います。「教育は国家百年の計」と言われるほど長期的に考えるべきものですが，長期的な制度を保守的に守るというだけでは理想を守ることができません。制度化されて硬直した教育は，堕落に対して最も弱いものだからです。

時代とともに変わる教育の意義

一方，新しい流れを追いかけるだけでは，本当の意味で新しい時代を作る教育はできません。

そろばんの歴史的意義

時代とともに教育がどのようにして変化してきたか，という問題を考えてみましょう。日本では「読み書きそろばん」というフレーズが今でも有名です。英語にも3R'sという表現があります。Reading，Writing，Arithmeticという単語に含まれている３つのＲです。「読み書きそろばん」にぴったり対応していて興味深いですね。ところで，日本社会で本当に「読み書きそろばん」が重視されてきたのかというと，そんなことはありません。「読み書きそろばん」が教育として重視されるようになったのは，江戸時代の士農工商という身分の世襲による固定化であったと思います。最下層の商人の家に生まれた者にとってどういう将来が展望できるかといったら，「読み書きそろばん」の能力を身に付けることにより小さな商店の丁稚(でっち)から大店(おおだな)の大番頭さんに至るまでの立身出世の道が開かれたのです。

他方，社会で上位を占める武士の子弟たちには，単なる読み書きを超えた漢学の素養が重視されていましたが，決して実用的なそろばんは推奨されていません。新渡戸稲造先生の『武士道』という有名な著作がありますが，その中に，そろばんのようなものが日本で武士社会の中では軽侮されてきたという指摘があります。実学的なものに対して，江戸時代の支配階級が冷淡であったということは，明治維新という時代の精神との違いを考える上で興味深いと思います。典型的な例は福沢諭吉でしょう。彼のいう学問は，今でいうところの，つまり実用性を目指した学問であったからです。

しかし，一方で，武士階級の中でも，中位下位の出身者の中には，帳簿管理能力が重要でしたから，武士でも一部の人たちはそろばんの能力をもっていたようです。例えば，参勤交代時にかかる諸経費を精密に把握しかつその概算値がいつも頭に入っていることは，各藩の経理責任者には重要事であったことでしょう。

なぜソロバンが大切であったか――その根拠

それにしても，どうしてそんなにそろばんが大事にされてきたかというと，その理由は簡単，昔は計算が難しいものであったからです。そろばんが使えるからこそできる，というものでありました。今は，そろばんを使わなくても筆算という方法があります。しかし，昔は筆算という方法がなかったのです。後で少し詳しくお話ししますが，筆算が簡単にできるようになったのは，０，１，２，…，９というたった十個の数字を用いた十進位取りという記数法の大発明，大発見の日本への渡来によります。

まず，数の命名法としての十進法と記数法としての十進位取り記数法とを混同しないようにしてください。例えば，古代ローマの人々は，十進を基本とした記数法を持っていました。いわゆるローマ数字です。彼らは私たちが“123”と書く数を“CXXIII”と表していました。Cが100（百），Xが10（拾），Iが1です。日本の伝統的な表現なら“百弐拾参”でしょうか。

ローマ数字では単純に基本となる記号を反復するだけでは，個数が大きくなってきたときに煩雑過ぎるので，5を表すV，50を表すD，…を用いて346をCCCXDVIのように表す工夫もしていました。この記号法だと足し算と引き算は何とかなりますが，掛け算，割り算は絶望的です。例えば，64×8に相当するDXIVとVIIIの積を考えてみると，明らかでしょう。日本の伝統的な表現でも「六拾四かける八」では，ピンと来ないのではないでしょうか。十進をベースにしたこのような伝統的な数の命名法は足し算，引き算には何とか通用しますが，掛け算，割り算にはひどく不便なのです。

中国では，算盤と呼ばれる道具が発明されて，日本にも伝わり，これによってだいぶ計算が楽になりました。ヨーロッパでも，そういう装置が発明されます。そろばんというと，今の九球式のものを連想してしまう方も多いかもしれませんが，西欧のそろばんは「ビリヤード」の点数加算機のようなものでした。そういう素朴な計算の道具は，計算機というよりは，加算機というべきレベルのものですが，そういう道具が出来て，商取引などがずいぶん合理的で簡単になるわけですね。

十進位取り記数法の意義

人々の間に計算方法を普及させる上で機械的な計算道具以上に決定的だったのは，十進位取り記数法 Decimal Positional System という数の表現方法が普及したことです。0から9までの数字を並べることで，数を表現する方法です。

ところで，0～9のことを日本では，伝統的な漢数字と区別するためか，算用数字と言ったりしますが，欧米ではアラビア数字 Arabic numerals と呼んでいます。それは，交易を通じてアラビア方面から伝わってきた十進位取り記数法をヨーロッパの人々が感嘆して受け容れたからです。やがてローマンカトリックの教皇になるような宗教的な指導者の中にもアラビア数字を使った位取り記数法の意義を説く人がいたくらいです。つまり，この表現方法が世界的に普及し始めたのは，なんと16世紀になってからなんですね。ごく最近なんです。この方法が我が国に伝わって，我が国で一般化したのは明治維新以降です。

十進位取り記数法の意味

繰り返しになりますが，「十進位取り記数法」というときに，「十進」と「位取り記数法」，この2つを区別することが大切です。十進というのは，十の累乗を基本とするもので，一，十，百，千，万，…ですね。多くの文化圏で十進が使われて来たのは両手の指が全部で十本であったからでしょう。ちなみに，最近しきりに使われるディジタル digital という言葉ですが，その語源である digit は元来は「指」の意味で，派生して「0〜9の数字」の意味になり，現代では，二進的な信号処理に関わるものを広く digital と形容するようになりました。

十進より，理論的に大事なのは，「位取り記数法」の部分です。この話題には後でまた戻ることとして，以後しばらくは，私達が馴染んでいる「0〜9の数字」を使った十進位取り記数法で考えていくことに致しましょう。

十進の位取り記数法を用いれば，整数や小数の計算はきわめて簡単です。例えば64×8ですが，これは，私たちは下のような筆算で易々と計算できます。

ここでやっているのは何かというと，「4×8＝32」と「6×8＝48」という2つの掛け算と，3＋8＝11という足し算です。いずれも一桁の数同士の計算に過ぎません。これは実にうまい話ですね。

なぜこのように計算できるかという問題を，敢えて難しく理論的にとらえてみましょう。まず，64はいうまでもなく6×10＋4ですよね。これと8との積（6×10＋4）×8を計算するの

```
    64
×)   8
------
    32
   48
------
   512
```

64×8＝512の計算

に，分配法則を使って（6×10）×8＋4×8とし，ここで乗法の結合法則と交換法則を使って，最初の（6×10）×8を（6×8）×10と変形し，これを計算して48×10＝4×100＋8×10とする。これと4×8＝32＝3×10＋2とを加え合わせ，全体としては

$$
\begin{aligned}
4\times100+(8+3)\times10+2 \\
&=4\times100+11\times10+2 \\
&=4\times100+(10+1)\times10+2 \\
&=4\times100+(10\times10+1\times10)+2 \\
&=4\times100+(1\times100+1\times10)+2 \\
&=(4\times100+1\times100)+1\times10+2 \\
&=(4+1)\times100+1\times10+2 \\
&=512
\end{aligned}
$$

となる，という具合いです。

しかし小学生の頃の私がこんなふうに理論的に理解していたとは到底思えません。小学生のころは計算を支える数学的な定理を理論的に理解していたのではなく，このような計算方法を修得していただけであったと思います。このような初歩的な計算の中にもすごく多くの原理が働いていて，よく目立つのは分配法則とか交換法則ですが，それ以上に大切な法則として結合法則があります。例えば，6×10×8のように括弧を使わずに書きますけど，3つの数を「×（かける)」でつないで良いこ

とを保証するのがこの法則です。そういう原理を使って，筆算で計算を実行します。筆算の際に，6×8の結果である48を一桁ずらして書くという技術が(6×8)×10の「かける10」に相当しているわけですが，すごくうまいですよね。こういう方法によって，基本的にはすべてが一桁の数についての計算に還元される，ということです。ここで大事なことは，1桁の数についての加法と乗法（後者がいわゆる九九）の知識だけで，すべての数の計算ができるということです。2桁とか3桁の数の計算を覚える必要は全くないということです。

位取り記数法についての誤解

インドの人々は，20までかけ算をすべて暗記しているという話がよくありますね。私自身は懐疑的だったので，インド人の友人に「そういう話があるが本当か」と聞いたら，「本当だ」って言っていました。でも，別にそれがものすごいわけではありません。ただ暗記しているだけですから。「9の段」の後に，「10の段」，「11の段」，…，「19の段」まであって，それを13×17＝221のように覚えているというだけですから。使われている記数法はあくまでも十進です。ですからこれは二十進とは全く違います。

二十進法というのは，0から19までの数に対して，20を底とする位取り記数法で計算ができるというものです。皆さんでフランス語を勉強された方は，フランス語の数の表現は二十進を基本としていることをご存知だと思います。1から19まではそれぞれの数の呼び名があって，20になると位上がりしてvingt（ヴァン）といいます。vingtがいわば二桁の最小数ですから，位取り記数法で数字で表すなら10です。

80のことをフランス語ではquatre-vingts, つまり4つの20といいます。（残念ですが少なくとも現代フランス語では40，60をduex-vingts, trois vingtsとはいいません。30，40，50，60，70を表す個別の言葉があるからです。）20までの数を表す数字として適当なものがないので16進で使われる9以上の数を表す記号A，B，C，D，E，Fに続けてG，H，I，Jの4個を追加すると私達が十進で20と表しているものは10ですみます。私達の80は，二十進ではまさに40です。9×9＝81は二十進では9×9＝41となります。私達が，12×8＝96としているものは，I×8＝4Gです。

位取り記数法は，二進でも八進でも十二進，二十進でも本質は同じです。数学ではしばしば一般化してp進法，あるいはpを底とする位取り記数法といいます。

その昔，フランス人が使っている記数法を馬鹿だと言った日本の傲慢な都知事がいるんですが，それは，位取り記数法という数学の方法自身は底と呼ばれる基本とする数pの選び方と無関係である，という基本の中の基本を理解していない恥ずかしい発言でありました。

位取り記数法というのは，実は何進法でも理論的には何も変わらない。全く同じなんですね。十進法が特に優れているわけでは決してありません。

十進法の苦痛

でも，何進法であっても例えばp進法であれば0から$p-1$までのp通りの1桁の数についての掛け算の表と足し算の表が分かればいいわけです。十進法の場合だったら，加法と乗法のために，2種類の本当は「九九」でなくて「十十」の表というのを覚えなければならない。つまり100個の成分からなる演算規則，これを数学では乗積表と言いますが，これを覚えなければならない。九九という表現自身が，数学的には間違っています。0の段を除いているから九九なのであって，0の段を入れれば「十十」なんです。因みに，計算が苦手な私も0の段だったら得意です。1の段も得意でした。皆さんもそうでしょう。0の段を無視すれば，「九九」は$9\times9=81$個で済む。さらに，1の段も無視してよければ，2の段からはじめれば64個に減るわけです。そして，小学生には証明することができない交換法則を仮定するというズルを許せば，たったの${}_8C_2$つまりで28通り。つまり，「はち・なな」とか「はち・しち」とか難しいですよね。「しち・は」っていうふうに言い直せば楽だって，子どもでもそのズルは知っていると思いますが，そのズルを許せば，覚えなければいけない規則はずいぶん減るわけです。それでも，これだけある。掛け算に関してだけで28個，足し算に関しても28個あるわけですから，全部で56個覚えればいいということになります。

しかし，十進法だから，まだこんなにあるわけで，２進法であれば誰にとっても最も得意な「０の段」と「１の段」だけでいいわけですから。掛け算なんか一瞬ですよ。$0 \times 0 = 0$。$1 \times 0 = 0$。$0 \times 1 = 0$，$1 \times 1 = 1$。これで終わりですよね。足し算のほうがよっぽど難しいです。足し算だったら，$0 + 0 = 0$，$0 + 1 = 1$，$1 + 0 = 1$，ここまでは普通と同じですけれども，$1 + 1$は位上りして，10となるわけですね。

加法に関する誤解

足し算っていうのは，位上りがあるところが難しい。位上りの考え方を理解するために，私はそろばんというのは非常にいい道具だと思うんですが，最近は，小学生に対して奇妙な加法教育が行われているそうです。「10を合成する」とか「５に分解する」とかです。こういうのは「読み書きそろばん」の時代の最下層に位置づけられた商人子弟に対する実用教育としてなら理解できます。しかし，これは十進法特有の話であって，それでは２進法とかp進法に応用できません。十進法に特有の限定的な話を誇張しすぎています。結果として，位取り記数法の本質を隠してしまうと思います。

掛け算は覚えなければならないのに対し，足し算は考えれば分かる，あるいは考え方が分かれば計算を覚える必要がない。というのは根本的な誤解だと思います。

加法と乗法の間に教育の方法で根本から違うということは，21世紀を生きる子どもたちに対する教育方法として，本当に正しいのかどうか。子どもたちはそれによって，十進法の計算は正しくできるようにはなるかもしれない。しかし，こういう時代に今さら「正しい計算」なんて，本当に必要なんでしょうか。未だに小学校の教育があまりにも古い理想＝正しい計算にこだわりすぎ，しかも，それを実現するための「新しい手法」にかぶれているように思います。もっと足し算の究極的な原理とか，そういうことに触れさせてあげるチャンスを増やすべきじゃないかと思います。

教材の意味

ちなみに私はこの講演の仕事を引き受けるにあたり，この仕事をやってもいいなと思って，はりきって，皆様にお配りしたレジュメを作ったりしたのは，皆さんが使っている教材がわりとよくできていることでした。「わりとよくできている」というと上から目線で大変失礼に聞こえるかもしれませんが，なんでそう申し上げるかというと，一般に塾などの文科省の検定を受けていない教材は，私達が詳しく見てみると，ほとんどが実はボロボロなんですね。現場の先生たちが「ちょっと工夫して作った教材だから見てください」って言って持っていらっしゃるので，見せてもらうと，ほとんどいたるところに間違った記述や，余分な記述，余計な強調点があって，理論的に最も大事なところがすっぽり抜け落ちているということが多いんですが，皆さんの教材はとてもまともで，実に王道をいっているというふうに感じました。これは，例外的にすばらしいことで，だから皆さんはぜひ皆さんの教材に誇りを持って，その教材をきちっと教え抜くという力を，ますます磨いていただけたらと思います。

実は，数学教育には，重大なパラドクスがあります。その一つは，最も基本的な計算手順の中に，理論的にはかなり高尚なものが，暗黙の前提として隠されていることに由来します。というのは，その隠された前提を単にあらわに教えることは初学者の教育には馴染まない可能性が小さくないからです。論理的思考力を鍛えるはずの数学教育がそれ自身を論理的に組み立てることはできないということです。この逆説的な真理を私たちは忘れてはなりません。

学校教育に関心を抱く数学者の多くが間違えるのは，哲学と歴史を理解しないまま，現代数学の論理をそのまま小中学校に適用できると思ってしまうからでしょう。小学校の数学教育というのは，大学の数学の立場からみればこうすべきであるという具合に気楽に議論することはできないことは，今の簡単な位取り記数法と筆算，加法と乗法の例を見ても明らかだと思うんですが，小学校で序数 ordinal numbers を排して，1対1対応の基数 cardinal numbers ばかりを強調する「集合に基づく数概念」こそが数概念の基本であるという主張は，あまりに偏った思想ではないかと思います。たとえ善意に基づくものであっても偏屈・偏狭な教育の方法論は，子どもに対しては悪影響こそあれ，よい影響は少ないと思うんです。

19 世紀社会における学校教育の意味

ところで，十進位取り記数法ができる前までは，計算がたいへんに難しいものでありましたから，計算能力が重視されてきたというのは理解できますが，近代化が進むと，教育の持つ意味も変わってきます。特に18世紀末以降，多くの国々で絶対王政が崩れ，あるいは絶対王政の秩序が緩み，民主主義的な社会へと移行してきます。革命でそれを達成したフランスはこの新しい流れの典型ですね。

民主主義社会の基盤としての教育

そういう民主主義社会という新しい秩序がうまく機能する上

で，教育が最も基本的なんですね。多数決を意思決定の最終手段とする民主主義は，つねに大衆扇動と大衆迎合の危険にさらされていますが，日本を含め，近年世界の多くの国においてこの問題が深刻化しています。他者への理解，異文化への尊敬に基づく共感や寛容性の崩壊は，教育を通じてこそ培われる広い知識と深い知恵，プライドと謙譲が民主主義を維持する上でいかに大事であるかを示しているように思います。このことは，すでに古代ギリシャの時代からいわれてきたことなんですが，21世紀になって，いよいよこの問題が現実化してきているように感じます。民主主義社会の基盤として，その社会を支える未来の市民，それを育てるために知識と思考を教える教育を担う学校が非常に重要であると認識が確立してくるわけです。

国家的教育機関の設立

こうした流れの中で，国家的な高等教育機関が作られるようになります。フランスのエコール・ポリテクニィークとかエコール・ノルマルを始めとする，いわゆるグランゼコール（直訳すれば大学校）はその典型です。

中世から大学という組織はありますけれど，昔からの大学は，日本の仏教系の大学もそうですが，僧侶を育てる宗教的な機関だったわけです。そういう大学ではなく，国家が，科学・技術の指導的人材，行政のエリート，そして指導的な教員を養成するために高等教育機関を作るようになります。つまり国立大学です。これは近代の特徴といっても良いでしょう。明治の日本も遅ればせながら西欧列強にならっていったわけです。明治初期の混乱を除けば，日本の高等師範，女子高等師範はフランスのエコール・ノルマルのように機能すべく設置されたのでした。

20世紀における教育の意味

19世紀末から20世紀にかけて，このようなエリートを通じた社会の発展システムがそれだけではうまく機能しなくなってきます。19世紀の近代化で達成された工業生産性をより高い目標で達成するためには，労働力の質の向上が不可欠になります。工場労働者というと，チャプリンの映画に出てくるようなベルト・コンベヤーの横で単純作業を繰り返す人という古いイメージがありますが，高度な工業製品を生産するためには，しっかりした基本知識，基本技能を習得した労働者が必要です。「新しい読み書きそろばん」の能力です。例えば独創的な設計図をかくという能力はなくても，精密な設計図を正しく読み取るという基本知識，基本技能です。

わが国の場合

この「新しい読み書きそろばん」の能力をもった技術者と政

策遂行のための官僚を国民の中から抽出して育てます。我が国は，このために必要なエリート選別制度を中国から学んだのだと思います。中国ではすでに明の時代に「科挙」と呼ばれる人材登用制度が成立します。歴史上最も古い平等な人材登用制度といわれていますが，その公平な競争の異様なまでの厳しさに，歪んだ受験勉強を産む原因にもなっていたようです。

親族の1人が科挙に通ると，一族全体に利益がもたらされる，という時代にあっては，哀しい努力に一生を捧げた当時の人々に憐れみを感じざるを得ません。中国の映画はあまり知りませんが，今流行りの韓流ドラマには科挙を通った高等官僚の話がよく出てきますね。

近代日本にも高等文官試験という一種の科挙制度があったんですが，それが戦後社会の中で，こういったものの大きな見直しが迫られ，明治から昭和の戦前まで続いてきた大衆教育とエリート教育の教育コースの2本立て（両者とも，実はもっと複雑でしたが）が否定され，「戦後民主主義」の中で大きく変革される。「基本的人権としての教育」という理念が成立する。他方，社会の中にエリート教育への強い憧れが本音として生き残ったので，理念というよりは単なる建前というべきですが。基本的人権としての教育――これはとても重要な理念です。教育を受けることはすべての国民の侵しがたい権利です。しかし，これはだれでもが教育を受ける権利があるということであって，だれもが同じ教育の結果に到達できるということではありません。教育の機会を同じように公平に与えられても，当然，成果は人によって違う。能力差はあるからです。その能力差による結果の違いが現れないようにすることが基本的人権であるかのように誤解している人が，我が国では少なくとも，大勢としては，多数なのではないかと思います。

タテマエとホンネの共存

このような根本理念についての誤解と，他方で社会に根付いた本音という矛盾を孕みながら戦後，高等教育は一挙に大衆化されますね。それまでは，高等学校と呼ばれていたものがいきなり大学と格上げされる。昔の学生言葉でいえば，学校全部に「下駄」を履かせたわけです。そして，膨大な数の新制大学ができ，結果として膨大な数の大学進学者，さらに膨大な数の大学進学志望者が生まれます。その量からいえば，到底エリートであるはずもないのですが，多くの人々にはこのカラクリが見えないようです。

結局，一昔前の立身出世のための必要十分条件として高学歴が戦後においては水増しされて崩壊しているんですが，人々はそれが分からず，昔からの高学歴と同じものだと誤解しています。その高学歴を獲得するに至るための受験競争での勝利が必要であるという国民的世論を背景に，最近の日本では，小学校から高校まで，上位校への進学実績を競う体質が学校の中に定着してしまいました。受験学力を本当につけるというなら，なかなか良いかもしれませんが，実際には学力のない者が学力があるかのように偽装することすら厭わない，という「学校文化」がだんだん普及，定着してきているように感じます。日本の学校教育の退廃は，ホンネとタテマエの使い分けが非常に不潔に行われていることと，高等教育の大衆化の現実に人々の目が向いていないことの結果ではないかと思います。

不潔な二重構造のもたらしたもの

数学に関していえば，受験競争での勝負を分ける決定的な条件として数学の実力というのが必要だという了解，これはもう国民的な信仰になっているのではないでしょうか。しかも，算数・数学の実力とは，難解な問題を解く力であり，難解な問題を解けるようになる（させる）ための唯一の合理的な方法は，その問題の解法の知識をもつ（もたせる）ことであるという，あまりにも素朴で貧困な数学教育観が，今の日本を支配しています。数学の問題を解くためには，その問題を支える数学が分かっていればいいという当たり前のことが，なかなか人々に分かってもらえません。

私は，先ほどご紹介にあったように，若い頃駿台予備校というところで数学を教えた経験がありますが，その際受験生諸君にいつも言ってきたことは，難解そうに見える問題を解くための条件は，その問題が何を意味しているのかということをしっかりと理解すること，それに尽きるんだと。そのことを理解せずに問題の解法を表面的になぞったところで，それは分かっている人から見れば解答にすらならない。そんな話でした。

解法の知識があれば数学の問題が解けるという考え方は，数学教育についての一種のドーピングであり，たとえ，それで「良い結果」が一時的に出せるとしても，絶対手を染めてはいけないことであると思います。好成績のためにアスリートの肉体をボロボロにするのがスポーツのドーピングだとすれば，教育におけるドーピングっていうのは，子ども達の一時的な好成績のために，成績よりももっと大切な考える喜びや，創造する喜びの可能性を奪い，暗記する，人まねをして済ます，そういう狡猾さを子どもたちに教え込むということです。一時的に子どもたちは「できる」ようになるかもしれない。あまり真実に明るくない親たちは，それで「うちの子の成績を上げていただいてありがとうございました」と言うかもしれない。しかし，私は，それは教育のドーピングに過ぎないと思います。

「数学の勉強＝演習問題の解法」，これは数学教育の伝統的なスタイルです。この伝統自身がひどく間違っているわけではないと思うんですが，この伝統が近年急速に空洞化している。「問題を解く」ということは，見たことのない問題を必死に考えて解答を見つけること，それが面白いのに，その解答を見て，「あ，それ，知ってる」，「それは何ページの何番でやったことがある」，「それは，××大学で××年に出題された問題である」，そういうような記憶形成が勉強の主要部分を形成する形になってきている。これは，数学指導者，教員の間で広く共有されている国民的本音に応える「新しい」教育スタイルのようです。今，公立学校，私立学校という，文部科学省の正規の指導下にある学校が今ではもうほとんどこういう「本音」で支配されているのに，指導する行政側は，競争をタブー視し，能力差に対しては見て見ぬふりをするという「建前」しか口にしない。このような建前と本音が矛盾した共存が産み出す教育の崩壊状況の中で，私自身は，正規の学校以外で教育に携わる人に教育の刷新を強く期待しています。

それは，サービスとしての教育が社会の中でますます巨大な存在になってきており，行政が理想とする一律で水平的な統制が効かない状況が生まれているからです。

21世紀社会の数学教育

こういったことを背景に，教育においては，一方では多様化，個別化，個性化が求められ，他方，教育サービスという産業ではこれに応えるために，広域化，大域化が進行していくと思います。しかしながら，以上は20世紀的な教育観に基づくものであり，皆さんも，ほとんど異論がなく合意なさることだと思いますが，これからの21世紀社会――私たちはこの社会に入ってもう1/6以上過ぎているわけですが――この社会においては教育はどういうふうになるでしょうか。

コンピュータの役割の拡大

まず，確認すべきことはコンピュータとその周辺技術が急速に発展してきたことです。皆さんがお持ちのスマートフォンの中に，私自身の学生時代には，大学の「大型計算機センター」という，大きな建物の中に鎮座ましましていた「大型電子計算機」よりもはるかに高速のCPUとはるかに巨大なメモリが搭載されています。コンピュータの基本原理は大きく変わっていませんが，周辺技術の進歩と低価格化には，目を見張るものがあります。20世紀末からは，いわゆるインターネットという電子計算機の新しい利用形態も生まれました。この結果，既知の知識の正確な復唱だけなら，コンピュータを利用することでもう十分だという認識が一般化しました。例えば難しい漢字が書けるとか，長い英単語のスペルを正しく綴れるとか，そういうことは，人間ができなくてももうコンピュータに任せればいいじゃないかという考えです。数学でいえば，機械的な作業の典型は計算です。私自身は九九のような計算ですら苦手ですので，さらに煩雑な計算，積分とか，あるいは行列に関する計算にはいつもコンピュータを利用しています。コンピュータは文字通り，機械的な計算はとても得意です。「知識」についても，「Google 先生」という若い人もいますが，本当にコンピュータのほうがよほどしっかりしている。小学生が学ぶ数学でいえば，少し大きな数の計算，例えば，53×82を暗算でぱっと答えるための練習に意味がないのも同じです。そんなことには意味がない。あるいはπを3.141592…という具合に50桁とか100桁とか1,000桁とか言えると頑張る人がいますけれども，そんなことも全然意味がない。PC を使えば，πの 1 万桁ぐらいさっとすぐに表示してくれます。

無視できなくなった人工知能 AI

さらに重要なことは，ルールが明確化できる世界では——ここが大事ですが——人間にしかできないと考えられてきた難しい判断も，膨大なデータ（これをしばしばビッグデータと呼びますが）に基づいて人工知能 AI が優秀な人間と同程度に，ときにはそれ以上にできるということです。AI の発達は，これからものすごい勢いでやってくるわけですが，AI といったからって特別に新しいものではありません。

新しさのポイントは，整理されなければゴミの山でしかない，主には過去にインターネット上に交わされた情報のような膨大な「情報」をいろいろな手段を駆使して自動的に収集し，そこからコンピュータを使って，活用可能な《データ》を自動的に抽出・整理し，その基本データに基づいて，新しい状況の下で《最も尤もらしい判断》を計算することができるようになったという点です。

コンピュータに，学習をさせることができるようになったと喧伝する人もいますね。しかし，本質的なことだけ誇張していえば，理論的に最適な判断の場合ならこんなことはあり得ませんけれど，理論的な判断とは違い，データが増えると，新たに，より尤もらしい判断が見つけられる可能性が大いにあるというだけの話です。

皆さんにとって特に身近なのは，もうずいぶん昔からの話ですが，自動運転でしょうか。運転というのは，道路に沿って障害物を除けながら然るべき速さで車を動かすというだけです。私は放送大学奉職時代に「数学とコンピュータ」という科目でLEGO©というおもちゃを使ったデモを放映しました。自動運転といってもすごく単純で漫画みたいなものですが，今後実用化される自動運転と基本原理は大差ない，と思います。要するに，道路の情報を読み取ってそれに沿って方向を変える自動車の運転なんかは，簡単に自動化できるわけです。難しいというより，厄介なのは，事故の際の責任問題，補償問題などの法律的な問題，倫理的な問題，社会経済的な問題でしょう。

実は，自動車の自動運転以前に，飛行機とか新幹線とか，ものすごく高速で移動するものは，もうかなり前からコンピュータ制御ですから自動運転といっても良いでしょう。当然のことながら，打ち上げられるロケットも打ち上げ時には人間が操作しているわけはありません。全部コンピュータが制御しているわけです。

そういう AI，人工知能を機械が自らの学習を通じて，どんどん賢くなると言って騒ぐのですけれども，重要なポイントは，人間にはすごく大変な信じられないくらい膨大な計算を瞬時にこなすという点だけであり，さらにその裏に隠れているのは，実はある明確なルールの存在への信頼と，ビックデータと呼ばれる膨大なデータが利用できるという状況のもとで，いろいろに見える判断の中から一番尤もらしいものをコンピュータが計算を通じて選び出すことができるという点です。私にとって特にショッキングだったのは，今年（2016年），Google の人工知能が，韓国のプロの碁の棋士に勝ったというニュースでした。碁はなかなか難しいんです。碁・将棋，いずれも，アマチュア初段のレベルになることですら，一般の人には容易でありません。しかし，アマチュア初段なんていうのは，本当にいくらでもいます。アマチュアで強い人は，5段とか6段とかのレベルですが，そんな強いアマチュアでも，プロ棋士を目指しているハナタレ小僧にちょろっと負かされる，という厳しい世界です。そのプロのトップ棋士に人工知能が勝ったということは，想像を絶するようなすごいことなんです。

もっと日常的なことを言うと，私はごく最近，体調が悪くて病院に行きました。その際，心電図もとってもらいました。心電図では，皆さんも経験あると思いますが，身体の幾つかの箇所に電気センサーをつけて電気信号の波形をピコピコとりますね。昔は長いロール紙にバーっとデータが印刷されて出てくるものでした。その長いロール紙を専門医が診て，異常があるかどうかチェックしてきたわけですが，なんと，最近驚いたことに，心電図検査が終わって，その技師さんが「はい，いいですよ」と言うと，その場でコンピュータがシューっと，何かやっているんですよ。何をやっているか，ちらっとのぞいてみると，長いロール紙に出力されたはずの心電図データをコンピュータが自動処理して医師のためのデータとして一枚の紙に整理したものを作っていました。「心電図とか脳波とか，基本的には周期的な波の分析ですから，こんなことは，数学を使えば簡単に機械化できる部分がたくさんある。」――私は，このように理論的な予言としてずっと以前から言ってきたんですが，すでに実用化されています。やがて診断まで機械化される日がやってくるでしょう。技術的にはもうできるはずですが，医師免許法とか，誤診の責任とか，厄介で面倒な問題がたくさんあります。

しかし，外注した血液検査，尿検査の結果を見ながらこれに基づいて診断するだけの，町医者の仕事は，健康保健制度の破綻とAIの発達で急速にしぼんでいくでしょう。最大の障害は，時代の風に逆らおうとする医師会の「ラッダイト運動」だと心配しています。

同様に，国際化時代で最も必要になると言われている会話中心の英語教育なんかもうすでに意味を失っていると思います。

どうしてでしょうか？小さなスマートフォンでさえ，私がこうやって日本語でしゃべると，その内容をすぐに英語に翻訳してくれる。もう，すでにそういうのが出来ています。駅などで，案内人が「xxxに行かれる方は，右にお曲りください」と言って，英語のボタンを押すと，「Turn to the right, if you want to visit xxx.」と言ってくれる。韓国語のボタンを押すと，韓国語に直す。そういう装置がもうすでに開発され実用化を待っている。小学校とか幼稚園とかでやっている“How are you?”“I'm fine, thank you.”のような低レベルの会話の学習にはほとんど意味がなくなっているのが現実です。

このように人工知能が身近な存在になってきた時代にあっては「知識を正確に伝える」ための教師もいらなくなっています。いわゆる「良い授業」をやるだけでしたら，それはコンピュータに任せられる。知識・技術伝達型の先生はほとんどもう無用ですね。

AIの時代になってもなくならないもの

他方，合理的な判断の明確なルールが存在しないところはコンピュータに任せられないでしょう。アメリカでは，いちばん最初になくなる仕事が会計士の仕事だといわれています。日本では，公認会計士は，文系の人にとっては夢の資格だと思いますが，それがアメリカでは真っ先になくなるという予想です。それはアメリカが日本人の目から見ると，極端なほど公正さfairnessを大事にする社会だからですね。社内監査で粉飾決算を見逃しているような日本では，この予想が正しいかどうかわかりません。

同様に，税額を法律に従って計算するという意味での税理士の仕事は真っ先になくなるでしょう。他方，法律の解釈の限界の中での「節税対策」という名の脱税対策や，親族が血みどろになって争う相続税対策という人間臭い仕事は，決してAI化できないでしょう。

そして私は良い先生の仕事は決してなくならないと思うんです。なぜか。分からない子どもたちの気持ちに寄り添うとか，子どもたちが分かるまで待ってあげるとか，子どもたちが分かったときに一緒に喜んであげるとか，こういうことは絶対コンピュータにはできませんから。もし，コンピュータが生徒に向かって「万歳！万歳！」とかやったら，だいたい子どもは白けちゃいます。「よくやったね」とかほめられたら知的な子どもは機械をぶっとばしてやろうと思うことでしょう。

やはり，本当の意味での人間的な心の交流は，人間にしかできないものであると私は思います。もちろん交流したふりはいくらでもできるでしょうが。

お医者さんでもそうです。死に寄り添う，病気の辛さに寄り添うということは，AIには絶対できないことです。「その痛み，つらいでしょうね。私が全力でなんとかします。頑張ってください！」そういうふうに言ってもらうときくらい，私たちがお医者さんを頼もしいと思うことないですよね。

当然のことながら，前代未聞の緊急事態や緊急災害への対応もAIにはできるはずがありません。参照すべきデータがないわけですから。こういう事態の中で必死に少しでも被害を少なくするために頑張る職業の方には心から頭が下がります。AIでは代替できない真に創造的で崇高な人間的活動です。

しかし，AIを利用してそのような素晴しい活動で失われる生命を少しでも減らすことは，私達の重要な課題であることを忘れてはならないでしょう。

そういうありがたさ，人間にしかできない職業は，必ず残ると思いますけど，逆に言えば，そういうものを除いていけば，20世紀までには指導的な職業として尊敬されてきた人たちにも，21世紀にはもうやることがない，そういう時代が接近しているように思います。

21世紀に明らかになった諸困難に打ち勝つ力

今世紀に入って以来，国内的にも国際的にも，前世紀には予測しなかった諸困難が，しかも，次々と登場するという情況にあります。政治的にも社会的にも経済的にも，そして財政的にも，難しい問題がたくさんあります。こういう情況にあって，過去のデータに基づくだけの方法はAIに限らず役に立ちません。必要とされるのはどういう能力でしょうか。

単なる知識，単なる技術の終焉

知識は過去の経験にすぎません。技術といわれるものも過去に蓄積された経験にすぎません。

技術立国日本を支えているのは職人さんの技である，という主張をよく耳にします。確かにこの時代になっても機械では，なかなか真似できないものは，沢山あります。ただひたすら，職人さんの手の精度に頼る世界は奥深いものであることを忘れてはなりません。職人さんの技を模倣し，少しでも接近することができる，というだけです。

職人芸的な世界がコンピュータで完全に代替されることはないんでしょうが，科学的な目から見ると技術の中には，機械化できるものがたくさんあり，しかも従来は，到底職人さんの腕とは比較すべくもなかった世界で，機械がそこそこのレベルまで達成できるようになっている。最近の家電，例えば寿司屋さんの高度な技のようにいわれて来た炊飯では，いろいろと技術化が進んでいて，家庭用なら米の種類や状態，その日の天候など多様な状況に対して最適の炊飯がプログラム化されているようです。

そういう時代にあっては，かつては高度な技であった計算や記憶は意味を失う。今後必要とされるのは，知識や技術ではなく，新しい価値を創出する《創造性》であると思います。今までみんながぼーっと見過ごしてきたことの中に新しい価値があるということを発見する能力，新しい視点を発見する力といってもいいと思いますが，こういった能力は，これからますます必要になってくると思います。

意味を失う古典的な美徳

また，過去においては勤勉さは人間のもつべき美徳の代表でした。しかし，こういう勤勉賛歌は努力の盲目的な肯定です。そして，これが教育の中で長い間規範とされてきたと思います。あるいは，単なる従順さも，ずっと重視されてきた。なんでも言うことを聞くおとなしい子が模範でした。今日ですら，大事件が起きると，「とてもおとなしい良い子だったのに……」のようなコメントがTVで放映される。しかし，子どもにとって従順だとか，おとなしいのは，権力あるいは権威への追従であって，そんなことは今日の厳しい未来の展望を切り拓くべき子どもにとって決して褒めるべきことではない。「あの子は自分で物事を考えることを知らなかったのではないか」そういうコメントが出てきてほしいと思います。

勤勉さや柔順さに価値を置くのは，生産能力の拡大を至高の価値としていた19世紀後半から20世紀にかけての前時代的教育観の反映でしょう。これからは新しい価値を探すための《綿密な批判的思考力》が必要になることでしょう。

他者を理解する能力

また，従来の教育では他者を押しのけてでも生き残る力，つまり競争で他者を打ち負かす力が大切であると考えられてきたと思います。しかし，これからの時代にはそれよりは他者を理解する謙虚な理解力であるとか，他者を共感に巻き込む人間的な魅力であるとか，そういう力が本当に必要とされてくるに違いありません。

大人の責任=教育の責任

このような能力をもった若い世代の養成は私たち大人の世代にとって喫緊の課題です。実際，このような子どもたちを育てない限り，もうグローバルな競争の社会の中で，我が国は生き残っていくことができないまま，少子高齢化の大波の中で沈み込む運命しか残されない。復興や繁栄のオコボレもない，私たち以降の世代は，どうやって生き残るのか，私は将来に不安を感じます。

もし学校教育がこのような人材育成をできないならば，学校外教育の中でこういう力をきちんとつける仕組みを創っていかなければいけないと思います。

数学教育の現在と今後の目標

もうすこし具体的に数学教育に寄って，21世紀型の数学教育モデルのイメージづくりのために，数学教育ならできる，あるいは数学教育でしかできない教育の目標を，まず初めに，いくつかのポイントで挙げてまいりましょう。

数学教育の基本的な柱

まず，いちばん最初に挙げるべきは，絶対的，普遍的な真理に接することによる人間的な成長です。$5+7=7+5$のように絶対的に普遍的な真理が身近にあることに気づいて，自分はもう猿や豚とは異なる存在になったと感じる成長の実感ですね。

それから第二には，ちょっとした発想の転換によって問題を解決できるという不思議の感動体験です。感動こそ人間を根底から変える力をもっていると思いますが，数学にほとんどあらゆる場面でこれが可能である，ということです。

第三には，超越的な霊感としか言いようがないような先人の発想に触れる経験ですね。「なんで，こんなことを考えた。なんて偉い人なんだろう！」――そういう驚愕の体験のチャンスは数学には，驚くほどいっぱいあります。後でより具体的にお話ししたいと思います。

第四には，霊感とか修業とかが要らない合理的な手法を修得することの誇らしい喜びですね。もう暗闇の中で苦悶し続けなくても，この方法を使えば，どんな問題でも解決できるんだ。そういうふうに思える，そういう誇らしい体験。

第五には，さきほどお話したような，誰もが分かっていると思い込んでいる初歩的な技法の背後に潜んでいた本質的な真理，すなわち理論へと接近するという経験。

この5番目と密接に関係しますが，最後に，自分は単に分かったつもりになっていただけで，実は分かっていなかった，ということに気付くという体験です。計算に理論が潜んでいるなどとは小学校のころの私は，全く分かっていませんでした。そういう本質が見えていなかった，自分を認めるという経験を通じて私たちは謙虚さとか，他人に対する寛容の大切さを学ぶことができると思います。誤ったことを絶対的に確信してきた自分の限界を認め，反省するという経験です。

こういう話を講演に与えられた残り少ない時間でかいつまんで，できる限り具体的にお話していきましょう。

21世紀の数学教育の具体的な姿 ── その一

複雑な計算が素早く正確にこなせることは，これからは大して重要ではありません。しかし親がなんといっても，おじいちゃんがおばあちゃんが言ったって，「5＋7＝7＋5」だ。そのように《自分の力で絶対的に確信》する。人に言われたから，権威が言ったから，っていうのではない。なぜか？子どもなら，「5＋7も7＋5も12だから」と答えるかもしれません。これは論理的には十分な証明とはいえないかもしれませんが，子どもながらにしっかりと納得する。これは絶対的な納得ですよね。ルールに従って計算した結果，たまたま一致するというだけでなくて，それが本当に正しいんだということを子どもたち自身が納得する。5＋7よりもっと易しい，1＋1＝2でもいいです。1＋1が2に等しいっていうこと，絶対に3ではない，0でもない。そういうふうに確信するのは，本当にすばらしいことではないかと思います。

21世紀の数学教育の具体的な姿 ── その二

確実な認識の体験と並んで重要なことがあります。それは感動です。

さきほど，私はいまどきの小学校で教えているという「５の分解」とかいうものは馬鹿げているって言ったんですが，例えば７＋８を計算するときには，最近は，８を３＋５と「分解」して，このうちの３を７とたして10を作り，この10と先ほどの残った５をたして答えが15となるという指導をするようです。加えるもう一つの７の方を２＋５と「分解」するのも同様です。

しかし，そもそも，その「分解する」ことはどういうことか。数は分解することができるための前提条件は何か。それは実は，けっこう難しい問題です。分解とは，与えられた数 n を $x+y$ っていう別の数の和として表すということでしょうから，そのような２数 x，y を求めることは $n=x+y$ となる x と y を見つけるってことであり，数学の言葉でいえば不定方程式の解法です。x，y のうち，一方を５と決めれば単なる減法の問題になりますが，考えるべき最初の加法の問題よりも複雑で発想の筋が悪いように思います。

そもそも小学生に不定方程式を教えてどうするんだと，私は言いたい。これに関連して，最近は，Open-Ended Approach ともてはやして，「答えが１つに決まらないから面白い」などという人がいるんですけど，数学的には不定方程式としては，解は一つに決まっている。ただ，古典的な意味では解が，一つではない，一般には無数にあるというだけです。別にオープンエンドでもなんでもない。

nを$x+y$に「分解する」という話題に関連して，数学では，「違ったものの中に潜む深い連関が見つかる」という驚愕の体験がいくらでもあることについて，今述べた「数の分解」のような初等的話題から始めましょう。

不定方程式$x+y=n$の解は，xy平面上のこの方程式の表す直線上の点全体と捉えることができます。xとyに正の整数という制限をつけると，この直線の第一象限に含まれる部分である線分上の格子点ということになり，この線分上の格子点が有限個決まる。中学生，高校生なら分かってもらえる，そういう話ですけれども，そういう話が，小学生のころに子どもたちに「数っていうのは分解することができるんだぞ」と，もし教えることができたら，それはそれで結構面白いのではないか。「8はね，1＋7だしね，2＋6だしね，3＋5だしね」…。さて，こういう分解は全部で問題で「何通りありますか」などと発問し，子どもたちに全部挙げさせて，「1＋7，2＋6，3＋5，4＋4，5＋3，6＋2，7＋1」。「だから全部で7通り」と答えさせたなら，その後，「では，なんで7通りあるんでしょう」と質問して「8の分解だから8－1＝7通り。なんでかと言うと，最初の数が1から7まで，7通りあるから」のような答えが出てくれば，これは面白いし，「1.6+6.4などの整数以外の分解もあるから，もっと可能性は多い！」とか，分数を使えば「1/100+799/100」のようなものがあるから

「答えはもっともっと多い！」のような意見が飛び出たらさらにすごい展開だと思います。すばらしいと思います。「1＋7と7＋1は，先生，同じじゃないですか？」「2＋6と6＋2も同じじゃないですか？」とか。これから類推して，「同じものが2個ずつあるから正しい答えは7/2＝3.5通りになるはずではないですか？」とか「あれ，でも4＋4は順番を変えても同じだよね！」とか，おもしろい展開はいろいろあり得ると思います。

$a+b$ と $b+a$ は同じだという子どもの直観に対して「そうだね。君たちは足し算の交換法則，知っているね」とおだてるのも，先生の度量だと思います。「でも，足し算は交換できるとは限らないぞ」「例えば，水に硫酸を加えるのと，硫酸に水を加えるのと，全然違うのを知っているかい？」という発問もあり得るでしょう。ただし，上手に実験しないと，大変なことになります。濃硫酸に水を入れたら大爆発を起こしますから。足し算は，寄せ算として理解すると，交換法則は普通は引っかかりません。他方，掛け算の方はしばしば引っかかる。小学校の数学の教員の間で使われる「乗数」(multiplier)「被乗数」(multiplicand) という用語が掛け算では交換が不可能であることを示唆しています。ふつうの大人の理解では，掛け算は，足し算と同じように計算の基本で，交換可能であると理解されることが多いと思いますが，よく出る話題ながら，「1本50円のボールペン10本」と，「１本10円のボールペン50本」とでは，値段が同じでも意味が違う。それを50×10と書くか，10×50と書くか，そういう単なる形式的な様式を厳しく指導するのは馬鹿げていますが，掛け算は足し算と違って，交換がむしろ不可能な演算の代表なんです。その重要な例外は，長方形の面積ですが，面積を知らない子どもたちでさえも，掛け算が交換可能で，例えば４×３＝３×４を，なんらかの意味で確信したならばすばらしいと思うんですね。３×４と４×３，抽象化していれば，$a \times b$ と $b \times a$ がなぜ等しいか。これは，すごく難しい問題です。これは，引き算や割り算といった逆演算の非可換性より大切な問題だと思います。

a と b が自然数の場合については，これを証明するのは，数学科の大学１年生の課題ですね。結構難しい。数学的帰納法という論法を駆使して，証明するわけです。

それを知らない小学生の段階では，証明することは難しいでしょう。でも，正方形でできた板を長方形状に並べることを通じて，「４×３と３×４が等しいことは正しいに決まっている」と，もし小学生が言っていたら，立派な小学生ですよね。面積を知らなくてもできるし，面積の概念への準備にもなっている。それは，すばらしいと思う。

21世紀の数学教育の具体的な姿——その三

そういうことが様々なレベルでの理解への基礎となっています。別に大学以上の高尚な数学のレベルの理解でなくてもかまいません。ごく日常的なレベルであっても，いろいろな見方を通じて，自分なりに納得する。このような素晴らしい体験は数学を学習することでしかできないと思うんです。もっと単純な例を挙げましょう。「丁半博打」というのがありますね。「丁か半か」「さぶろくの半」とか，そういう博打の話です。偶数と偶数を足したら偶数，奇数と奇数を足したら偶数，でも偶数と奇数を足したら奇数，奇数と偶数を足しても奇数という偶数と奇数の和に関する規則性，ですね。「これを証明しなさい」という「問題」があります。中学生ぐらいだと，「偶数は$2n$と，もう1つの偶数は$2m$で表される。ここで，n，mは整数である。この2つの偶数を足すと，$2(m+n)$となる。$n+m$は整数だからこれは偶数である」こんなことが中学校の教科書には証明として書かれてあるんですが，私はこんなものは，到底証明とは呼べない，すごくレベルが低いものだと思います。「2つの整数の和が整数である」というもっと根源的な命題を自明のものとして扱っているからです。

	e	o
e	e	o
o	o	e

偶数のことを英語でeven，奇数のことを英語でoddというので，それぞれをe，oと表す

ことにすると，たし算に関する性質は右表のようになります。

この表を理解するときに，これとはとりあえず全く異なる話題と結びつけることができます。例えば紙には表と裏があって，裏返すという操作がある。裏返すという操作を2回すると元に戻りますね。何もしないことと同じです。3次元の空間ではなく，単純な2次元の平面で180度回転というのを考えると，これを2回続けてやると360度回転ですから，何も回転してない，0度の回転と同じになりますね。そうすると，例えば，0度の回転というのと，180度回転の2種類の運動を考えて，0度回転と0度回転を繰り返すと0度回転。0度回転と180度回転を続けてすると180度回転。180の回転と180度回転をすると0度回転という具合に，先ほどの偶奇の加法と全く同じ構造をしていることが分かります。先の表のeを0度回転，oを180度回転と読めば良いということです。

中国の共産党の，昔の有名な指導者が「敵の敵は味方である」という名言を残しましたが，「敵の味方は，敵である」のような規則も追加すると，これも数学的には同じものなんですね。味方をe，敵をoと読めば良い，ということです。

以上は，実は抽象代数の入門部分にある「群」の話題なんですけれど，例えば，丁半博打の推論の中にそういう話が隠れているということを，子どもながらに納得したならば，それもなかなかではないかと思います。

いろいろなものの見方に接する驚愕ですね。

21世紀の数学教育の具体的な姿 —— その四

もう一つ，0の概念，英語ではゼロっていいますが，日本語では零と書きますね。この概念と記号の重要性に対する様々なレベルでの納得や理解の深化も感動的です。そもそも0は，ものを数えるための数であるのか —— これは小学生にとって厄介な問題であると思います。小学生の時代を，私自身はすっかり忘れているので，0に対する不思議さを感じた記憶はもう持ってないんですけれども，小学生のレベルでは，0はいわば《無》に対応するものでしょう。0の概念を肯定することは「不在」の「存在」を認めるような哲学的に深遠な話ですが，0を通して小学生たちが《無》を理解していることになります。無はこわいものではないことを，死を考えたこともない幼い小学生たちが理解するってすばらしいことであると思いませんか。

昨日，私はふだん滅多に観ないテレビを観ていました。我が国の最近のTV番組は，公共放送も含めてあんまりレベルが低いので観なくなってしまったのですが，そこでたまたま耳にしたのが，「死がこわいのは死が虚無で，虚無は暗黒のイメージをもっているからである。死が明るいっていうイメージを持てば，死はこわくなくなる。」というような話でした。こんな馬鹿げた話を人前ですることを仕事とする資格まであるんだそうでびっくりしました。子どもたちが0を理解しているときに，子どもたちはそれは「暗黒の」こわい「虚無」として不安や恐怖を感じているか。というと，そんなことは感じてないと思うんですね。

確かに歴史的には，無は無限と同じく，怖いものだったと思います。虚無は怖い。だからこそ，0の概念は，人類の長い歴史の中でなかなか認知されてこなかったのだと思います。でも，現代ではその0の概念は小学生でもきちんと理解している。たいしたものだと思います。怪しげな宗教屋さんなんかよりも，よほど無について的確に理解している。虚無に対する恐怖感を小学生ですら克服しているってこと，これはすごいことだと思います。言うまでもありませんが，数学的には，0があるおかげで，位取り記数法ができるという理論的な意味も，もちろんきわめて重要です。

さらには，0を超えて負の数まで数が拡張できること，これもすごいことですね。負の数は学習指導要領上は中学校で初めて習うことになっています。小学校でやれ鶴亀算とか，やれ旅人算，植木算，時計算，…など，ラテン語で *ad hoc* というその場限りの解法を教えるよりは，方程式を教えるべきだっていう議論は昔からあって，私もその方がいいんじゃないかって思った一瞬もあります。しかし，方程式を体系的に教えるためには，負の数が必須で，負の数を知らない小学生に方程式を教えると，移項のルールが煩雑になって無理があるわけです。知っていたものの再発見といっても良いし，合理的な方法論への目覚めといっても良いでしょう。

21世紀の数学教育の具体的な姿 ── その五

中学校でどうしても負の数の概念を導入しなければならないのは，代数のためにこれが必要不可欠であるからですが，「0より小さな数を考える」という中学校1年生の本に書いてあることは，論理的にはとんでもない飛躍です。それまで0以上の数，0，1，2，3，4，…そういう数しか知らなかった子どもたちに対して，温度計から数直線を密輸入して，「今まで知ってた数は0から右にあった数だ。これから出てくるのは0から左にある数だ」のように導入するのではないでしょうか。

しかし，数直線の概念は，高校で教えていらっしゃる先生方はよくおわかりだと思いますが，実は高校1年生の数学で初めて勉強するもので，数学的には実数概念なんですね。数直線を中1に密輸入するなんて，論理的には飛躍どころか逸脱もいいところです。子ども相手ならウソも許される，といわんばかりです。

しかしながら，数の概念を負の数にまで拡張できるということを，子どもたちがなんらかの意味で納得しているならば，それはそれで本当に素敵なことだと思いますね。今まで，絶対不可能だと思っていた３－５のような計算が可能になる。そういう世界があるんだということを経験するのも，とても大切ではないでしょうか。

21世紀の数学教育の具体的な姿 ── その六

中学校で，比例・反比例を勉強しますが，それを一般化した関数の概念を学びますね。この関数で数学嫌いになる子どもが多いという話をよく聞きますが，関数を学んで，初めて近代人として一人前になれたっていう喜びに打ち震えるはずなのに，それを伝え損なっているのは，あまりにも残念だと思います。変数や関数の概念の習得はもう人間的な成長の喜びを実感できるところであると思います。正比例を一般化したものとして関数の微分があります。微分というのは，あらゆる関数に対して，局所的に正比例を考えようということです。正比例の一般化としての関数に対して再び正比例に回帰する，進んでいって見た世界は，帰って戻って来て見ると，昔から馴染んでいた世界だったとは面白い点ではないでしょうか。

低俗な公式主義を克服する

指数法則といわれているものがありますね。

$$a^3 \times a^2 = a^5 \cdots\cdots\cdots\cdots\cdots Ⓐ$$

こういうのを指数法則に従った計算っていいますね。難しい表現をしますが，実は $a \times a \times a$ に，$a \times a$ をかけたら，$a \times a \times a \times a \times a$ になるだけの話ですね。

ここをもし「掛ける」っていうのを「足す」にしたらどうなるか。当然，$a+a+a$ に $a+a$ を足すということですから，$3a+2a=5a$ となりますね。

これら二つの計算は一方が指数法則，他方が分配法則などと呼ばれて区別されていますが，数学的には本質的には同じものであると思います。

学校の先生は，しばしば，ここではこう教えろ，あそこではああ教えろと，具体的に奇妙に細かいことまでいやになるほど訓練的です。

こういう法則化にも一定の長所はあるかもしれません。しかし硬直した教育方法に疑問をもつことも生意気ざかりの子どもには躍動感を感ずる喜びになるんじゃないかと思います。

少し戻りますが，小学生は正方形・長方形・三角形・台形・平行四辺形の「教育」熱心の「進学校」では，面積公式，いちいち覚えますね。私が小学校6年で転校したときにびっくりしたのは，子どもたちが面積どころか，台形やひし形の面積を求める公式の知識を知っていたことでした。私自身は台形さえ知らない少年だったのですけれども，（上底＋下底）×高さ÷2って，もうペラペラって言うんです。もうお経のように。私もあこがれ，使っていくにつれてやがて，これが三角形の面積公式を重ねているものにすぎないということがわかりました。そうなると，台形の面積公式はいらない。しかも，三角形の面積公式は，実は，長方形の面積公式から導かれるだけ。そして，長方形の面積公式は，正方形の面積公式に由来するものである。このことが「わかる」っていうのは，大きな喜びではないかと思います。

円というのは，実は，多角形として，頂点が無限にあった正多角形の場合だけなんです。だから，例えば，円の面積と周長との関係がありますね。半径をrとすると，円の面積はπr^2，周長は$2\pi r$って覚えさせていることが多いと思いますが，円の扇形の面積は半径はr，弧長をℓとしたときに，その面積は，$\frac{1}{2}\times\ell\times r$と考えるほうが筋がいい。それは，扇形やその特別の場合である円を，高さがr，底辺の長さがℓの三角形としてとらえているからです。そのことは，中心からの距離がすべてrである多角形であると思えば実に当たり前のことです。そして，もしそういう多角形があったら，多角形の底辺の長さを全部足して，高さrを掛けて2分の1にするわけですね。

こういうことが分かっていれば，例えば円錐の表面積を求める問題で，側面積である扇形の面積を考えるときに，扇形の弧長は底円の周長が等しいはずだから，扇形の中心角が，全円周の何分の何だから，扇形の面積は円全体の面積の何分の何である，…のように解くことを教えるんですけれども，それは最悪といって良いほど間接的過ぎる発想です。弧の長さを ℓ，扇形の半径を r とすれば，扇形の面積は円の面積と同じように端的に $\frac{1}{2}r\ell$ と出せるんです。

暗記を最小限に整理するおもいやり

最後の例になりますが，因数分解の展開の公式，いろいろありますけれど，よく教科書に書いてあるのは，$(a+b)^2$ の展開公式です。その直後にあるのが $(a-b)^2$ の展開公式ですね。この２つの公式を覚えさせるという点に，今の学校教育の抱える問題が集中しています。

確かに，中学校ではこれら２つの公式を覚えさせることも「仕方ない」（？）としても，高等学校のレベルではもう犯罪に近いですね。なぜかと言ったら，論理的にはこれはどっちか片方でいいし，このような表面的な違いから来る多様性をいちいち書き上げ出したら無限に発散してしまうからです。

実際，こんな手取り足取りをして育てた子どもは $(-a+b)^2$ とか $(-a-b)^2$ の展開に困るのではないでしょうか。たくさん覚えたって一向に構わないのですが，こういう羅列される公式を見るだけで，勉強する気がなくなる子どもたちがいるという話ですが，そういう子どもたちに私は強く共感してしまいます。子どもたちのやる気をなくすような教育が教育として機能していない，もっといえば数学として成立していない。

こういったこと，具体的にまだまだたくさん言わなければなりませんが，繰り返しになりますが，《深遠な真理》に対する《絶対的な確信》をもつことは，子どもにとって，ものすごい人間的な成長だと思います。これが数学という教科でしかできないことを考えていただきたいと思います。そして，私自身は，「こういう真理に目覚める喜びというのを知った子どもたちは人生で決して二度と裏切らない」，そう思うんです。

発想の転換の喜び

次に，ちょっとした発想の転換によって，問題が解決できる不思議な感動の話題を紹介しましょう。例えば，重なりをあえて重複して数えることのメリットです。有名な問題では，小学校的にいえば，正方形の対角線の両端を中心とし，正方形の辺を半径にもつ二つの四分円があって，その共通部分の面積を求めなさいという問題です。難しくはないですが，すごく面白い問題ですね。これをちょっと意地悪して，四つの四分円にすると，かなりややこしい中学生用の問題が作れますけれども，それさえもちょっとした発想の転換をすることによって，簡単に解決できます。

あるいは，鶴亀算の算数の文章問題。私自身は実は結構好きなんですね。「全部，鶴だとすると」いうのですが，「全部鶴だとしていいのか。」本当は，そこから問わなければいけないわけですね。でも，「全部鶴だとする」，これを反実仮想といいますが，これを教えることができる教科っていうのはすばらしいと思うんですね。だいたい鶴と亀を合わせて考えているけれども，鶴と亀は全然違うわけですから馬鹿げているというか，本当にわけ分からないといえば，わけ分からないんですが。このようにその抽象の論理世界を子どもが受け入れるのも面白い。

また，多角形の内角の和とか外角の公式がありますね。その基盤にあるのは，「三角形の内角の和は２直角である」という，ユークリッド幾何の大定理でありますが，これが《私たちのいる世界》を支配している基本法則と言っても良いのですが，しばしば学校教育の中では，この定理を拡張して，n 角形になると，n 角形がその頂点から出る対角線によって $n-2$ 個の三角形に分けられるので内角の和は $(n-2)\times 2$ 直角，すなわち，$(2n-4)\angle R$ と話が進んで行きます。最近は $\angle R$ と言わないで90度という通俗的な言い方の方が一般的かもしれません。内角の和が出たら，各内角とその外角は足したら $2\angle R$ あるいは180度になるからとか言って，外角の和が $4\angle R$ あるいは360度であることを導くのが一般の流れですけど，この導出方法はやはり筋の悪いものだと思います。

「内角の和は $(2n-4)\angle R$.」，「外角の和は $4\angle R$.」これ

らは同値な命題ですが，どちらがより美しいでしょう？後者の方が遥かに単純・簡潔ですね。しかも，外角の和が４直角であるという主張は，多角形の辺に沿って直線をそれぞれの外角の分だけ同じ向きに回転していくと，すべての外角分でちょうど一回転するという自明な命題です。ちょっと発想を転換することによってものすごく鮮やかに問題を解決するわけです。

だから，本当に理解してほしいのは外角の和の方であるのに，もっぱら内角の和を強調して教えている。ユークリッドの『原論』のように，単なる幾何的事実を論証体系として整備するという視点が鮮明ならそれはそれとして意味がありますが，学校幾何の目標は，到底そういうふうには見えません。特にこの数十年の幾何教育の空洞化は甚だしい。

円周角の定理とは，与えられた円の中で同じ弧に立つ円周角はつねに等しい，という定理ですね。同一弧上の２つの円周角が等しいことを直接的に証明しようとすると絶望的です。これを解析幾何の方法で証明しようと思うと，ものすごいことになってうんざりする。しかしながら，中心角をとると，いずれの円周角も中心角の２分の１であるから互いに等しい。一瞬にして証明できるんですね。驚くべき証明です！この中心角という補助図形を経験することによって，円周角が等しいことが鮮やかに証明できる。円周角が一定という定理は解析幾何の基本的定理である正弦定理の背景にもなっているという話も大切です。

驚異の出会い

そしてもう1つ。霊感のような先人の発想に触れる驚愕的な体験の例ですね。例えば，円の面積の公式πr^2と球の体積の公式$\frac{4}{3}\pi r^3$，円周3の長さの公式$2\pi r$と球の表面積の公式$4\pi r^2$，これらのなかに共通にπという定数が現れる。これは最初は不思議なことですね。しかし，これらが実は相互に関連していることは高校数学のレベルでなら十分良く分かります。円の面積πr^2と周長$2\pi r$との間にある関係と，球の体積$\frac{4}{3}\pi r^3$と表面積$4\pi r^2$に間にある関係がよく似ているということですね。結論的にいえば，円の面積πr^2をrで微分すると周長$2\pi r$が出てくる。球の体積$\frac{4}{3}r^3$をrで微分すると，球の表面積$4\pi r^2$が出てくるということです。

また，円が，周長を底辺，半径を高さにもつ三角形であるのと同じように，球は，表面を底面，半径を高さにもつ三角錐である，ということです。

こういうことを最初に思いつくのは大変なことだと思いますが，そういう偉大な大発見に触れるという体験は，名画や名曲との出会いと同じように，とても楽しいことではないでしょうか。

合理的な方法論に感動する

数学には反対に，霊感や修業がいらない合理的な手法を身につけるという経験の誇らしさもあります。例えば，小数ができれば，もう難しい分数なんていらない。分数では，加法の計算ですら難しい。たとえば，$\frac{1}{2}+\frac{1}{3}$です。こんなのは分数をやめて小数で良いとすれば$0.5+0.33333\cdots=0.833333\cdots$. 全然難しくありません。通常の分数だけでは有理数だけですが，小数があれば無理数でも困らない。これは，合理的な表現方法の威力といっても良いでしょう。

さらには，方程式という方法論，より一般には代数という手法，これを身につけることによって問題を抽象的・一般的に取り扱うことができるようになる。えらく大人になれるわけです。

他方，グラフという幾何的な方法を通じて，それまで曖昧にしかとらえられなかった変化のあり様を視覚的，直観的にそして明瞭に理解することができる，ということも大切です。

これとは反対に，解析幾何という計算の幾何学との出会いも大切でしょう。計算だけで，幾何の問題が簡単に解けてしまうのですから。

従来は，異なるものとしてイメージされてきた「図形」と「数」という異種の数学的な対象が，１個の数学に統合される。なんとも大人になったような気がするではないかと思いますね。これらは高校数学の醍醐味だと思うんです。しかし，解析幾何という驚異的な手法を学びながらも高校生の多くが，こういう感動体験を得ずに終えている現状は，なんとも残念に思います。ベクトルについても同様です。

常識の背後にある世界に接近する

最後に，誰もが知っていると思っている事実の背後にある本質にせまるような理解の体験として，例えば計算と十進法との関係はどうでしょう。与えられた数の倍数の判定法という話題はよくありますね。2の倍数の判定は，1桁目の数が2の倍数であること，3の倍数の判定は，各位の数の和が3の倍数である，4の倍数の判定は，下2桁が4の倍数であること……。こういうのが教科書にすら次々と書かれてある。馬鹿げていますね。それらは，十進位取り記数法だからこそ成り立つに過ぎないからです。もし3進法であれば，2の倍数を判定するのに，決して下2桁が偶数であることであるっていうように言うわけにいきません。

面白いのは，3の倍数の判定，あるいはより本質的には，9の倍数の判定法でありますが，これも十進法に絡んでいます。数と数の表現とは違う――そういう根本的なことがちょっと分かったりすると，嬉しいのではないでしょうか。

あるいは，小学校で学ぶ足し算と引き算の関係がかけ算とわり算の関係とそっくりだと分かること。これはある意味，具体的な演算を数学的に抽象的な演算としてとらえる，つまり，より本質的な理解に接近するということであり，とても重要なことだと思います。

速さ，あるいは速度の概念は，子どもたちにとって分かりづらいものの1つのようで，分かっていない子どもでも，問題が「正しく」「解ける」ように欺装させるための「みはじの公式」とかを耳にすることがあります。私は，これには心を痛めているんですが。概念のもつ難しさを無視して素早く答を出せば良いという，その場限りのトレーニングが主流になってしまっているからです。本来は，時間の関係から詳しく触れることはできませんが，実は，速度の概念は単なる比の問題の概観をもつようでいながら本来は難しいということを教師は十分に知るべきです。何といっても，近代的な，次元をもつ物理量の一つですから。そして，比についての理解を利用して，「本来の困難」を克服させてしまうという教育のズルが大切です。

速度の前に，1人あたりの企業収益，1坪あたりの土地価格，1世帯あたりの国債残高，…のように単位あたりの値（英語では，unit ratio）を十分に教育されていないという問題があります。これが十分に準備されていれば，「3時間で12km進んだら1時間当たりで何km進んだでしょうか」と導入すると，おそらく子どもたちの多くは，ここで［長さ］/［時間］のように異なる次元の量の商が登場しているという理論的な困難に気付かないでしょう。これで平均の速さという考え方を紹介する。

ところで，平均速度というからには瞬間速度があるんですね。速度っていうのはいつも一定ではないから，いつも瞬間，瞬間，速度は変化するのです。じゃあ，瞬間速度はどう決めるんですか，というと数学では，瞬間速度を平均速度（平均変化率）の極限値でもって定義するんですね。平均の速さ（平均変化率）が定義されていないと，瞬間速度は定義できないです。でも，瞬間速度というと速度概念が定義できていない速度の「平均」と呼ぶことの意味がわからないですね。ここには，少なくとも言葉の上ではニワトリとタマゴのような循環があって，この部分は実は現代数学につながる非常に厄介な問題がある。でも，そういう問題に子どもたちがどんなレベルでもいいからなんらかの意味で接近してくれれば嬉しい。

速度グラフ，時間と速度のグラフは問題でよく出てくる重要なテーマがありますけど，あれは，運動を極端なくらい単純化した図式で，物理的にはありえない話です。速度が一瞬にして変わるダイアグラムがありますが，小学生が描けるようなダイアグラムでは加速度が無限大になってしまうので，人も物も破壊されてしまいます。あの簡単なスキームの中に数学的な単純化のためのウソが隠されていることを先生方が理解していて，そして子どもたちがそれを発見したときに，一緒に喜んであげたら，どんなにかすばらしいんではないかと思います。

さきほど触れた数についての小学生的な理解から，中学生的な理解，そして高校生的な理解，これらは全然違う。

面積や体積についても，そうです。私の小学校６年生の恥ずかしい思い出話ですが，円の面積が3.14×半径×半径で計算できると友だちが言っていた，という話をしましたが，曲線図形なのになんで面積が求められるのか，私はそれが分かりませんでした。面積とは何か，理解していなかったんですね。納得とか証明についての理解も，小学生，中学生，高校生，ずいぶん違うでしょう。後になって獲得したより深い理解からすれば，以前の理解はくすんでしまいます。

数学でしか体験できない反省

このようにして，数学教育を通じてしか得られない，素晴らしい体験として最後に挙げるべきは，誤ったことを絶対的と確信してきた自分を反省するという経験です。あるいは「あ，ごめん。間違ってた。ぼくが間違ってた」あるいは「僕こそがアホだった」こういうことが素直に言えるって数学の世界はすばらしいと思いませんか。例えば，英語で，「この英語，ぼくが間違ってた」といっても「お前って本当に英語がダメだね！」で終わりですよね。でも，数学だったら，「お前，自分が馬鹿だったというけど，俺はそれがわからない」とか「いや，お前の馬鹿さは意外に深いよ」と，そういうふうに共感できるわけですね。そう思いませんか。こういう自分の愚かさを納得する経験を通してこそ，人は他人に対して寛容になることができると思うんですね。数学の理解の階段は，「正解はこれ！終わり！」ではなく，永遠に続くのです。

例えば，小学校を卒業した人なら，一応，分数は分かっているでしょう。でも分数が本当に分かるためには小学校の勉強では足りません。例えば1/4っていう分数が分からない子どもたちがいる。でも，実は分数は本当は難しいんですよね。数学的には1÷4のことなんです。4÷1や4÷2は簡単ですが，1÷4は計算できません。そこで，それが計算できたことにして，答えが1/4であることにしているのです。1÷4は「答えなし」が本来は正しいんです。

分数という手法によって，計算できなかったことを計算したことにして答えにする。そういうことが許されるんだったら，小学生でも負の数は，本当は理解できるんです。5－3は2です。3－5は答え，つまり$3=5+x$となるxはありません。そこで，「$3=5+x$となるxのことを3－5と表しましょう」というだけの話なんです。

演算が不可能なときこそ，実は新しい概念の創造が始まるんですね。数学には初等的なレベルにさえ，そういうクリエイティブな可能性との出会いがいっぱいあるわけです。分数は知っていたのに，負数に気が付かなかった。小学校では一応算数はできたはずなのに，そういうふうに思った子どもたちが中学生になったときに「お前ね，負の数なんて別に分数と同じなんだ。乗法の逆で定義される分数の加法版にすぎない」と理解できたら素晴らしいと思います。

分数は計算できない割り算を計算できたことにするための創造的な手法であると言いましたが，もう一つの重要な話があります。たとえば，小学校で分数を習うとき，$\frac{1}{2}-\frac{1}{6}=\frac{1}{3}$という計算を習いますね。小学校の先生は左辺を右辺に変形することを指導していると思います。このとき，左辺を6を通分しながら，最終結果を約分せずに$\frac{2}{6}$を答えとすると，バツにしちゃうでしょう。でも，「$\frac{2}{6}=\frac{1}{3}$」と教えているんだから，同じものならバツにしたらまずいのではないでしょうか。$\frac{2}{6}$と$\frac{1}{3}$とが異なるからこそ，一方がバツで他方はマルであるはずです。

じゃあ，何が等しくて何が異なるんでしょう。その意味はなかなか難しいのです。ある意味で違っていて，ある意味で等しい。「意味」の使い分けをするわけですね。

数学の理解が高校生ぐらいまで進んでくれば，あるいは大学生になれば，これを説明することができる。でも，そういうことを「理解していなかった自分を理解する」ということは素晴らしいことではないかと思います。

数学教育の課題は，ますます重要であると思うんです。だいぶ後半端折りましたが，魅力にあふれた数学の教育において創意工夫を重ねて，21世紀を担う子どもたちのために，力を合わせて研鑽してまいりましょう。どうもありがとうございました。

【質問】中学生になって，関数が絶対必要なのはわかっているんですけど，確かにおっしゃったとおりになっています。それと，中２のときの証明のときにすぐに挫折する。証明というのはどうしてもパターン化されているということを聞いてはいるんだけれど，それを理解させるのに，端的にわかりやすく説明してあげないと，こちらがグデグデ説明した段階でもう疲れてしまっているので，何か糸口になる何かしらの言葉かけとか，何かないかとずっと悩んでいるのですけれども，いかがでしょうか。

【回答】今のご質問は，関数と証明という，どちらも子ども達がよくつまずくと私もよく聞いていて，その話題について，どういうふうにすれば子ども達に伝わるかっていうことでしょうね。私はいつも思うんですけれども，「こうすればうまくいく」という一般的な方法は存在しなくて，教育は子ども達の数だけ方法が多様である。一様に一律に子ども達を引っ張っていくことはできない。

でも，同時に，例えば教室で10人とか50人とか300人とか教えていても，そのクラスの中，子ども達どうしの競い合いの力というのか，全体的などんよりとした無理解の雰囲気の中で，ほぼ同時に理解の波が教室中に伝搬するという実際の経験も私にはあるので，いま流行の個別教育が大切だというつもりはまったくないんですけれど，でも，やはり一人一人の子どもにとって，分かるためのきっかけっていうのはすごく多様だと思うんです。

この原則を踏まえた上で，まず関数について，私なりのヒントを二つ申し上げたいと思います。

まず，関数について，分かりづらいと子ども達が思うのは，はっきりいうと，教科書の説明が悪すぎるからです。教科書における関数の定義がおかしいんです。「xに伴ってyが変化するとき，yをxの関数という。」こんな風に書いてありますがxとyってなんですか。単なる文字ですよね。文字どうしが「伴って変わる」って，手をつないでいるわけでも仲良しに育ってきたわけでもなんでもない。「伴って変わる」って意味がないですよね。実はこういうわけのわからない言葉遣いが，我が国の学校数学の中で定着してしまっていることは，非常に残念です。重要なのは《変数》の概念と《伴って変わる》という概念の自然さを訴えることだと思います。

一番てっとり早く関数を教えるとすれば，関数における変数概念にこだわらず，xとyについての方程式。例えば，$y=2x$あるいは$y=x+1$，なんでもいいんです。そういう式を与えます。xとyについての方程式で，未知数が２個ありますので，未知数の値は決定されません。未知数の値は決定されないんだけど，でも，未知数は完全に任意ではなくて，xの値が決まればyの値も決まる，というように，互いの関係はあるわけですね。このように不定方程式を利用することで関数に入っていくというのが一つです。実は，これは数学の歴史がたどってきた歴史を踏まえたものなんです。今の学校教育には歴史に学ぶ謙虚さが欠けています。いきなり変数概念から入ろうとしているのですが，それは無茶苦茶です。変数という18世紀的な概念は，20世紀以降の大学の数学では否定される昔の歴史の残滓(ざんし)であるということさえできます。

もう１つのヒントは，関数の前に，正比例・反比例でもっと時間をかけてこだわるべきであるということです。今，正比例・反比例が安直に終わりすぎていますね。実は残念なんですけれども，正比例・反比例の概念は，自然法則を記述するための基本的な数学装置です。例えば，電気の話（オームの法則）とか，空気圧の話（ボイルの法則）とか。さらには，ボイル・シャルルの法則でも何でもいいんです。基本となる自然法則は，基本的に正比例と反比例で述べられているわけです。自然の中にはこのような単純には行かない複雑系という世界があるということも20世紀末には分かって来ましたが，それはここではおいておいて先ず近代科学を形成した17世紀，18世紀の物理を始めとする数理科学の偉人たちの業績に目を向けさせてやりたい。

このようにできるだけ豊富な例を通じて，正比例と反比例が世の中を支配しているってことを子供たちに実感させるのはいかがでしょう。正比例・反比例についての体験を豊かに持たせることが，関数概念をしっかりと理解させるための大事な前提ではないかと思います。

以上が，日本の関数教育について決定的に不足していると私が思う２点です。

一方，図形の証明に関してはご指摘のとおり，現状は悲惨の一語ですね。もう，やたら形式的で，「２つの三角形において対応する３辺の長さがそれぞれ等しいから」とか，正しく書かないと何点か減点するとか，そんなことばっかり学校教育はやっていますね。だから，逆に言えば，チャンスです。正規の公教育にそういう致命的な弱点があるのでしたら，そんなことはどうでもいい。三辺相等とか二辺夾角相等とか，そういう簡単な言い方でもいいと教えてしまう。そして，合同条件が成り立つとき，２つの三角形をぴったり重ねられるんだということを実感をもって納得してもらえるまで，焦る気持を抑えて待つこと。生徒の学力によっては，定規とコンパスで紙に作図して，それを切り抜かせて重ねてみて，というような体験もときに有効かも知れません。しかし，すべての生徒にこの方法が有効な唯一の方法であるという教育学者的原理主義は危険です。

それを踏まえた上で，子どもが証明を理解する上で，一番大切なのは，最初のきっかけ，最初の出会いだと私も思います。私にとって最初にいちばん嬉しかった証明は，「三角形の内角の和は２直角である」ことの証明でした。補助線を引いて，同位角とか錯角とか使って，どんな三角形でも足したら２直角になる。それが証明できること，私にとってすごい大きな喜びでした。

それまでの私は，三角形の紙を，ハサミで分割して，並べ直してみて，確かに一直線上に並ぶとか，実験的に経験的に習ってきただけでした。そういう経験の一切がなくても，もうなにも紙を切り抜いたりしなくても，証明があれば完全にできちゃう。素晴らしいと思いました。

特に，私が，オススメしたいのは「二等辺三角形の両底角が等しい」ことの証明です。AB＝ACの二等辺三角形ABCの両底角∠Bと∠Cが等しいことなんて，図を見せれば幼稚園の子供でもわかる事実ですね。二等辺三角形の図を書いておいて「3つの角A，B，Cの中で，等しいのはどれとどれですか」とか言ったら，すぐに子どもたちは「BとC」と答えますよね。

でもそんなのは証明じゃない。古代ギリシャの哲人タレス（Thales）は，二等辺三角形の両底角が等しいことを発見したという話があります。しかし，これを主張する資料は残っているのですが，肝心のタレスの発見の内容は不明です。おそらくタレスが二等辺三角形の両底角が等しいということの《証明》を発見したということだと思うんです。

「証明を発見した」ということに関連して，二等辺三角形についての小学校中学校で扱っているのは，間違っているので，気をつけないといけません。よく学校の教科書にあるのは，底辺の中点Mと頂点Aを結ぶ線分でできる2つの三角形ABM，ACMが合同であるから対応する角は等しいという証明なんですが，これは嘘です。なぜかというと，「3辺が等しかったら合同である」ことをどう証明するか，という問題があるからです。実はこの三辺相等の合同定理を証明するのにふつうは「二等辺三角形の両底角が等しい」を使うんです。だから，三辺相等の合同条件は使ってはいけないんです。

中点がダメだったら，頂角Aの二等分線を引けば，2辺夾角相等だからいいじゃないか，と思う方もいらっしゃるでしょう。ところが，角の二等分線を引くのに，どういうふうにするのか。よく知られている角の二等分線の作図は三辺相等を使っちゃっています。だから，使えません。

だから，二等辺三角形の両底角が等しいっていう証明は，本当は難しいんですが，実はちょっと見方を変えれば一瞬なんです。△ABCに対して，△ACB。つまり，裏返した三角形を考えると，両者は二角夾辺相等ですから，一発で合同が示されます。こんなのでも結構楽しいと思うんですが，いかがでしょう。

とにかく，そのような初歩的なところで，証明というのは素敵だなってことに気付いてもらう。今，作図から小学校は入るんですね。小学校のレベルが上がり，中学校の数学のレベルが下がっている。これは，日本にとってとても不幸なことだと思います。

証明のいらない実用的な意味での作図なら，例えば，角の二等分線の作図は子どもの頃私が見つけた方法が簡単です。私はコンパスを使うのが苦手だったんで，針を刺す回数を最小にしたかったんですね。角の頂点に針を刺して2つの同心円を書く。半直線との4交点を交差するようにペケペケって結んで交点と頂点を結べば，これで角の二等分線ができます。なかなか作図法として優れていると思うんですが，それが正しいことの証明は少し難しいんです。

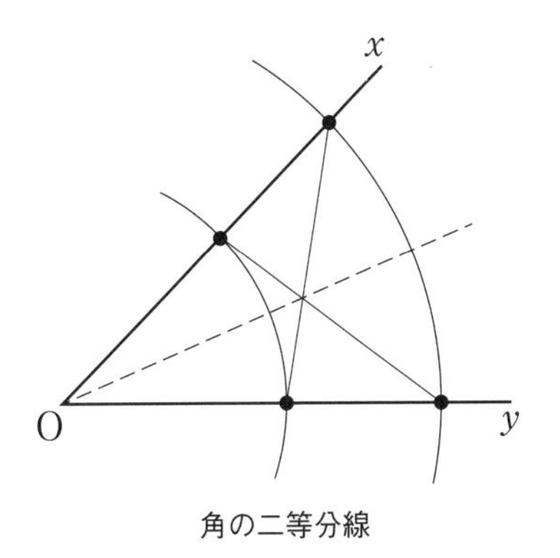

角の二等分線

証明に対してモチベーションがない子供に対して，証明を教えるってのは，確かにすごく難しいですね。でも，算数・数学教育の一番大切なことは，究極的には，「なぜだろう」という疑問をもつことの重要性，「なぜならば」という根拠を示す証明の偉大な意義を教えるってことですよね。

人を説得する。それを自分勝手な強引な主張ではなくて，冷静に精密な言葉で説得する。そういうことができるんだっていうこと。腕力が強くなくても，運動神経がよくなくても，運動神経の強いやつ，腕力の強いやつに勝つことができるんだ。ソフィスト，智者。懐疑論者。証明はそういう人たちの知恵ですね。

でも，証明を今の学校教育の中で教えることができないのは，教科書や学校の責任が大きい。中学校の教科書と，その教科書で教える先生たちも問題です。教科書の平行線についても，「平行ならば錯角が等しい」，「錯覚が等しいならば平行である」，この２つの一方は「平行線の性質」，もう一方は「平行の条件」と書かれてある。公理と定理の区別がないかのように書かれている。こんな教科書で学ぶ子どもたちはとても不幸ですね。

この問題の背後には，幾何教育の辿って来た重要な歴史的事情があるのですが，忙しい先生方にそれを理解していただくのもかなり難しいので，結論からいえば，もし中学生相手に幾何を豊かに教えたいと思われたら，50年以上前の中学校１年生の教科書を参照するのがいいと思います。それはもう簡単には手に入らないかもしれませんが，残念ですが，それが現時点では，唯一現実的な方法だと思います。

第4章

「幾何」という数学のもつ多様で深い教育的意義について

長い歴史をもつ初等幾何教育は，熱狂的な支持から断固たる廃止論まで世論を二分している大問題である。この背景にある諸事情を「これからの幾何教育」を語る前提条件として TECUM の研究会で講演したものを短くまとめた。

はじめに

幾何教育は，近年大きな変化を経験してまいりました。我が国特有でありまして，特に最近の改革は，「昔」を知っている人間から見れば「改革」というよりは，「変質」ないし「堕落」というべき状況にあるといって過言でないでしょう。

この流れを少しでも良い方向に変え，「幾何」が青年にとって大きな喜びと稔りのある数学の思い出の体験となるようにするために，これから，私達は《何を》《どう》すべきか，というのがこのお話の全体を貫ぬく中心的主題です。このような話をするにあたって，上に指摘したようなあまりに巨大な変化が《なぜ》起こり，日本では《なぜ》このように矮小化を受けてしまったか，という最初に提起した問題意識を客観的に共有してもらうことが，上の主題を共有して頂くために必須であると思うからです。

現在の学校教育には，幾何以外にも多くの問題が指摘され得ると思いますが，私がここで敢えて「幾何」を取り上げるのは**最近の「幾何教育」の中に状況の中に，近年の数学教育全体の**

孕むはら極めて深刻な問題が，より明白に，より象徴的に現れていると思うからです。

したがって，この幾何教育に，個人的な思い出や老人の懐古趣味を超えた，本当の意味での改革を実現するためには，単に悲憤慷慨ひふんこうがいするのではなく，世代を超えた客観性と普遍性でもってこの問題を見つめるために，きちんと踏まえるべき論点を踏まえるという基本常識から出発すべきであると私は思います。

以下は，《現代という厳しい時代》において，《生涯に残る思い出として豊かな幾何教育》が学校教育の中で成立するための条件を検討しようというものです。

歴史的に考える

長い歴史をもつ幾何教育ですから，それがもっていた教育的意味や問題点を，長い歴史の中で，洗い出し，見つめ直すことは最初に必要なことでしょう。

実用的な幾何の知識

古代人たちの数学的な知識は，残されている資料が限られているためにその全容を正確に復元することは全く不可能ですが，残されている『ギザのピラミッド』に代表される巨大で壮麗な大建造物群が，背景に高度な数学的知識と技が存在していたことを想像させます。人力しか使えなかった時代にあのような巨大建築を可能にしたものは,「下部構造」としては古代エジプト王朝の権力と富,「上部構造」としては,磨き抜かれた石材周辺技術とそれを支える実用的で数学的な知識と技であったことは確実ではないでしょうか。数学的な知識があれば,人力だけで,巨大な石を運搬し,積み上げることはもちろん,内部に精緻な構造を実現することもできるからです。現代的な建築技術の表面しか知らない現代人が「昔の人」が達成したこのような偉業を信じられないのは,数学に関する知識の威力を重視した「昔の人」の心が理解できないためであるに違いありません。「宇宙人から教えられた知恵」などと空想的な仮説を持ち出すのは,悪くいえば数学に対する無知といっても良いくらいです。

古代エジプト人の間にかなりの数学的な知識が蓄積していたことは,古代ギリシャでは「自然哲学の祖」,近代では「自然科学の祖」として尊敬される紀元前6世紀の古代ギリシャの賢人,ミレトス[1]のタレス[2]がエジプト旅行をして,そこで精密な土地測量に使われている大量の実用的技術,そこに潜在的に隠されている幾何の知識に心を打たれ,帰国して,幾何学的な

1 イオニア地方と呼ばれる現在のトルコ半島の地中海沿岸のギリシャの植民都市であったといわれています。

2 わが国ではターレスという日本語表記が一般的でした。万物の変化──誕生,成長,死──の究極的な根拠として“水”をあげたことで有名ですが,むしろ,《証明の発見者》として科学史に輝いています。

思想を実践し，講義していたようです。これがやがて後に紀元前3世紀ころアテネを中心とするギリシャ本土（この時代は知的には，ソークラテース，プラトーン，アリストテレースという大哲学者の活躍する古代ギリシャの黄金時代でした。）において華(はな)開く《理論的な幾何学》の最初の一歩となったようです。まことに，残念なことに，タレースのことについては，現在は，断片的な記述が残っているだけで，実は生没年すらはっきりとした断定ができません。

しかし，タレースのエジプト旅行は彼に深い感動をもたらしたもののようです。古代エジプトでは毎年，汎濫を繰り返すナイル河の河口付近の農地を合理的に再配分するという日常的な年中行事が，次第に精密な土地測量術として洗練され，大建造物の建設までをも可能とする膨大な知識へと発展していった様の知識の集積は，知の巨人タレースを感動させるにあまりあるものであったことではないかと思います。

そして，綱(つな)あるいは縄(なわ)という極めて素朴な道具を使いつつも，そこで行われていた精密な《測量》に基づく厳密な《記録》と合理的な《設計》は，タレースには，理論的，幾何学的な《作図》につながる知識の宝庫であったに違いありません。

このような意味で，《定規とコンパスを使った作図》は，《幾何学の母》であります。

閑話休題

少し脱線しますが，学校数学でやたらに強調される「定規」と「コンパス」という今日の作図道具は,「まっすぐに引っ張った綱に沿う直線」や「端点を固定した縄のもう一方の端点で描かれる円」という古代エジプトの職人たちの素朴な道具に対応する，後の—おそらくは中世末期以降の—学校数学的な道具であって，重要なのは，紐のようなもっとも素朴な道具で正確，確実に描くことのできる図形という点であり，道具に正確性の根拠を安易に求めるべきではないと思います。

実際，学校数学では「まっすぐの線」を作図するために定規の使用が強調されます——ときには等号 (=), 加法記号（＋；ー)，分数の横線を書くときにすら使うことが強く指導されることがあると聞きます！——が，直線は紐や糸をピンと張ることで容易に実現できます。反対に定規の直線性は，定規という道具の精度に依存していますので理論的な根拠はありません。体育グラウンドの線引きや距離測定には未だに「巻尺」のような《印付きの紐》が利用されていることからも，数学の教育における「定規」の行きすぎた強調は「見掛けだけの理論数学」という学校数学的なインチキ体質が感じられます。

しかし,《直線性》という観念を少しでも理解した上でなら,教室での定規の使用は十分許容されるでしょうし，後に述べるユークリッドの『原論』の記述を理解するにも合理的であると思います。

いろいろな点を考慮すると,「定規とコンパスを使った実用的作図」は,小学校段階には適した教材であるに違いないと思うのですが,強く留意したいのは,それは実用術のレベルに留まるのが大切であって,論証的な数学へと「発展」しないようにすることではないかと思います。具体的にいえば,正三角形,あるいは正六角形の作図のような主題は《数学的な実験》《数学的事実の実験検証》としてとても面白い教材に違いなく,図画,工作との総合的な学習の体験としても有益に違いないと思いますが,「作図法の正当性のための証明」のような演繹的議論には決して踏み込まないという節度を弁(わきま)えることが同時にとても重要であると思います。

言い換えると,このような実用的知識の教育は,その到達目標やその全体像をあらかじめ明確にしておかないと,実用と理論の区別がつけにくい教育の世界では実用の知がいつのまにか奇妙な理論に「変身」して,学習者に無用な混乱の元になるからです。とりわけ,数学を「専門」とする教員がいない小学校では,この「弱み」をつくかのように「塾」など非正規教育サービスが影響力をもち,それが「教育熱心な保護者」の学理と無関係な熱い支持の下で,学校に対する不信感を増長する危険があるからです。

この懸念は,いわゆる中高一貫の「進学校」のやたらに「難しい」試験問題をみると誰の目にも明らかでしょう。

反対に言えば，現在のように，中学校に入ってからの幾何教育が，小学校との連続性に重きをおくのは，学校教育から《減り張り》をなくし，子どもから精神的成長の機会を奪うようで好ましいとは思えません。

思春期を迎える中学生という精神的自立，自学的な学習を促すことが可能な段階にあっては，滑らかな学習を可能にする連続性以上に不連続性の演出が重要であると思います。最近では，小学生から脱皮できない中学生が数多く存在すること，到底大人扱いができない中学生を抱えている現場が存在することはあり得る話しとし留意することは大切でしょうが，子どもの大きな成長を願う立場に立てば，「小学校＝実用的幾何，中学校＝理論的幾何」という《それぞれの良さ》を活かす《住み分けの大切さ》という知恵を忘れないようにすることが大切だと思います。

中学校における理論的な幾何への接近

中世では，指導的な人材のために学校という制度が一般化します。これが school という英語の紀元となったスコラ（schola）です。スコラは，専門教育の前に最初に自由3科 trivium，次に自由4科 quadravium という自由教養 artes liberales が必須でした。これはギリシャ以来の教育の伝統を重んじたものであると言われています。このうちの自由4科は数論，幾何学，

（理論）音楽，天文学という４つの数学系科目からなっていました。音楽や天文学が数学であるのは，和声の理論（弦の比例論），球面三角法（惑星の軌跡理論）という数学の応用であったからです。

ここで教えられていた幾何学は，紀元前300年頃のユークリッド（ギリシャ名エウクレイデース）の編纂した『原論』（ギリシャ名ストイケイア，英語名はElements）でありました。この書物は13巻からなる当時の最先端の数学的知識をまとめたもので，狭義の幾何学以外も含んでいましたが，特にその第一巻は，古来より学問の規範として高い尊敬を受け注目されて来たものでした。というのは，言葉の意味用法を厳密に定める「**定義**」，証明できないが証明の前提として成り立つことを要請する「**公準**」，誰もが自明であると共通に了解するはずの**公理**（**共通観念**）を明示的に列挙するところから出発し，正三角形の作図という基礎定理の厳密な証明から出発して三平方の定理とその逆に至る諸命題を**緻密な演繹的論理**で，現代数学の用語を使えば**公理的方法**で**体系化**したものであったからです。

とはいえ，残存するすべての資料に対する文献考古学の手法を駆使した校訂版が20世紀に出版される前は，様々な人の手による「善意の改良」，翻訳に伴う表現の変更，ときには筆写ミス（印刷術が発明される前は書物が手書き写本で複製されて来た！）などを通じてユークリッドの『原論』は原型からはほど遠くなってしまっておりました。

そもそも，もっとも古い解説書と思われている AD 6 世紀のプロクロスの解説ですら，ユークリッドの精神を誤解したものになってしまっています。とりわけ，5つの公準の最後におかれた**第5公準**「2直線に第3の直線が交わり，そこで作られる同側内角が2直角でないときは，2直線を延長すると，2直角より小さい側で交わる」は，他の4つの公準（例えば第1公準「与えられた2点を結ぶ直線分が引けること」，第3公準「与えられた線分の1端点を中心とし線分を半径にもつ円が描かれること」など）と比較すると，以下に展開する証明のすべてに先立って，「受け入れ」を「要請」する主張としては《自明性》と《単純性》に欠け，さらに表現自身が《繁雑》であるという点で際立っています。

そのため，これを「証明」する試みがずっと続いてきたというわけです。

しかし，実に多くの試みがすべて無駄であること，言い換えると，第5公準を証明しようとする試みはどれも，第5公準と論理的に同値な命題を暗黙に仮定するものであったのでした。そのような同値な命題の中でもっとも有名なのは，「与えられた直線上にない点を通って，その直線に平行な直線がただ一本存在する」という**平行線公準**です。

解析幾何の誕生

17世紀は「科学革命の世紀」と呼ばれることが多い，人類史上重要な世紀ですが，そのような科学上の革命を可能にしたのは，数学の革新的な発展でした。とりわけ重要なのは微積分法という新しい数学の開拓です。そして微積分法 differential and integral calculus が発見されたのは，代数的な計算によって古典的な作図問題に迫ると同時に，古代には難解な数学でしかなかった曲線論のまったく新しい展開を可能にした解析的な幾何学 analytic geometry の発見と普及でありました。デカルトは，作図問題の合理的な解決という歴史的な意味に拘ったため，連立代数方程式の解という主題から離れることができませんでした。「接線問題」，「法線問題」についても，今日の表現を使えば重複解の思想を抜け出すことはなかったのですが，他方，2つの**未知数**を含む方程式 $f(x, y) = 0$ が，一般に曲線に対応するという重要な事実──私は「解析幾何の基本定理」と呼ぶべきであると思っています。──を重視して重要なのはユークリッドの『原論』的な「円と直線」への限定でなく，x, y の間の関係が「明晰かつ判明に」記述できる，今日的にいえば「代数的な関係」まで一般化すべきであるという主張の先駆性はデカルトにあると言わなければならないでしょう。

しかしながら，そのような「関係」を通じて，**変数** x, y の《関数関係》が記述できることに気付き，**微分法**の発見の先駆けとなる《無限小》を活用することで『極大極小法』という微積分法への発展の道を開拓するという偉大な功績はフェルマに帰さなければならないと思います。

実は，単なる解析幾何的なアプローチは，古代ギリシャのアポロニオスの『円錐曲線論』にも，その先駆を見ることができることを忘れてはなりません。現代の我々から見ると，古代の記述は，その記号法の欠如による記述の難解さ，理解の難渋さは，なんとも避けがたい欠点ではありますが，そのような論理的に瑣末な問題を無視すれば，アポロニオスの『円錐曲線論』は，円錐曲線に対して十分に詳細な解析的理解を可能にするもので近世の解析幾何の先駆と見ることもできないわけではありません。

その証明を示唆することの一つに，デカルトやフェルマの方法が一般の学者世界に普及した17世紀末に至っても，その時代のもっとも偉大な数学者である，なんとあの偉大なニュートンが，主著『自然哲学の数学的原理』“*Principia mathematica philosophiae naturalis*”における太陽系の惑星の運行法則（ケプラーの法則）の数学的説明を，アポロニオスの理論に基づいて幾何学的に展開していることを引きたいと思います。ニュートン自身もその開発に関わりその発展に大きく貢献した解析幾何の延長上にある微積分法（ニュートンの言葉では流率法method of fluxion）という近代的な方法を使わないことに，不満や不自由を感じている様子はまったく見えないのです。

言い換えると，円錐曲線レベルで留まる高校数学レベルの解析幾何は，古代ギリシャ人が到達していた範囲内の曲線を，近代的な代数的記号法で展開したものに過ぎず，２次曲線まで削減された近頃のカリキュラムでは，「図形と式」という単元の積極的な意味は，数学的には，微積分法への橋渡しでしかないはずですが，それが曖昧になっている教育では本当に意味が不明です。

なお，学校数学では，解析幾何と不可分に結び付いて論じられることの多い複素平面の幾何学と線型代数的な話題に関して付言しておきましょう。

前者に関しては，17世紀末には，虚数を平面上の点と関係づけることができることが発見され（A.L. アルガン），そこで平面ベクトルの先駆的な理論が展開されてはいるものの，これは高校数学レベルの応用に留まり，学校数学の範囲を超えた円分体，代数的整数，複素積分など，複素平面の真の数学的意味，深い応用が発見されるためには19世紀を待たなければなりませんでした。

他方，後者に関しては，線型代数という抽象代数学の概念が，「行列」「行列式」「ベクトル」「線型結合」「基底」「変換」

「テンソル」「場」などの諸概念を包括するものとして成立するのは20世紀に入ってからであり，学校数学で扱う「ベクトル」（あるいは「1次変換」）は，しばしば誤解されているこの分野への入門というよりは，解析幾何の代替または延長と位置付けられるべきものではないかと思います。この数十年続いているこれらの「単元」の「独立した平和共存」は，完全な無駄ではないとしても限られた時間を捧げるのにふさわしいかどうか，抜本的な検討が必要ではないかと思います。

閑話休題

話はまた脱線しますが，このような解析幾何的／微積分法的なアプローチが一般化して来る背景に何があったのか，「数学史の永遠のテーマ」のようなロマンティックな話題ですが，このような問題に対しては、「たった一人の英雄的な物語」はないのだと思います。

しかし，一般的な常識的見解として指摘できるものは存在します。思想的，文化的な背景としては，十進小数を無限小数まで使うことで，連続量と離散的な数の間の絶対的な違いに拘る理由がなくなったこと，技術的には，ガラスの細工技術の向上と普及で光の進行を制御できるレンズの実用化，高性能化がはじまり，曲面論を通じてより高性能のレンズの設計＝光の屈折の数学的制御が道が開かれて来たことが大きな要因の一つであろう，ということです。

前者に関しては，測量のための三角比表に代わって計算のための《対数表》が実用化したことが象徴的な事件だったと思います。計算の負担を減らすという単なる実用的な技術が，数学そのものの大きな自己変革をもたらしたことは，《歴史の弁証法》の典型例ではないでしょうか。

後者に関しては直進する光が水やガラスで屈折するという“平凡”な現象が曲面の接平面，法線，曲線の接線，法線を通して容易に数学的な解析に乗ることが判明したからです。数学は聖なる哲学から通俗生活へと接近したのです。

現代幾何への淀んだ跳躍

驚くべきことに，18世紀の末に，「平行線公準」を否定した「公準」を第5公準の代わりに仮定しても，第5公準を仮定した幾何学と同様に，《矛盾しない幾何学体系》が構成できるという驚くべき事実が，様々な努力を通じて判明してきます。これがいわゆる**非ユークリッド幾何学**という世界の開拓です。より詳しくいえば，18世紀末から19世紀初頭にかけての草創期に研究された非ユークリッド幾何学は今日なら，「双曲型の非ユークリッド幾何学」と呼ばれるものでした。現代人には意外に聞こえるでしょうが，後にB．リーマンによって大きく発展する「一般空間の幾何」に含まれる「楕円型の非ユークリッド幾何」は，起源的にはすでに遥かに古く，すでに古代より「**球**

面幾何」として存在していました。今日，話題となることは滅多にありませんが，天球上の不動の星座（恒星の作る見かけ上の不動不変な図形）に対し，太陽，月が通過する黄道上を，見かけ上不規則にさまようように運動する惑星の動きを規則的な運動の結果として説明する天文学の研究のためには，正確な計測と記録のために**球面三角法**と呼ばれる数学的な計算法が不可欠だったのです。ある意味で，球面三角法は，地上の生活で実用的な平面三角法と並んで，否，それ以上に偉大な天上界の世界に接近する重要な数学でした。そこでは「三角形の内角の和が一般に2直角より大きい」ことも常識的に共有されている基本事実でした。しかしながら，球面それ自身は，「真空」とか「虚無」と呼ばれていた「通常の空間」に含まれる「球面」という特別の曲面で形作られている，《天上界》という，地上界とは別世界の話であり，「曲がった平面」の一例としては全く認知されていなかったのです。

しかし，このような先端的な研究の知見が直ちに同世代の学問人全員に共有されたのではありません。有名な哲学者カントは，堂々と，時空については，純粋理性的な批判の対象である以前の先験的a prioriな直観の形式であるという主張を展開していましたし，数学者の中にも，18世紀末からの数学が飛躍的な発展を踏まえて，長年，写本や翻訳を通じて伝承されて来たユークリッドの『原論』を近代数学の精神で厳密に再構築しようとする動きがあったくらいです。

このような数多くの試みの中で，もっとも大きな影響力を残したのは，フランスの大数学者ルジャンドル（A.M.Legendre）の仕事でした。彼の“*Elements des Géomètrie*”（直訳すると『幾何学原論』）は，出版されてからおびただしい数の改訂版，重版を繰り返し，国内のみならず様々な言語に翻訳され，近代における幾何教育の国際的な規範となったのでした。私が知る限り，フランス語原典から，英語，ドイツ語，イタリア語，米語への翻訳が存在します。A.リンカーン米国大統領の有名な演説にユークリッドの『原論』のフレーズの引用らしいものが含まれているのですが，極めて高い確率でラグランジュの『幾何学原論』の米国版を熱心に勉強したものに違いないと想定されます。

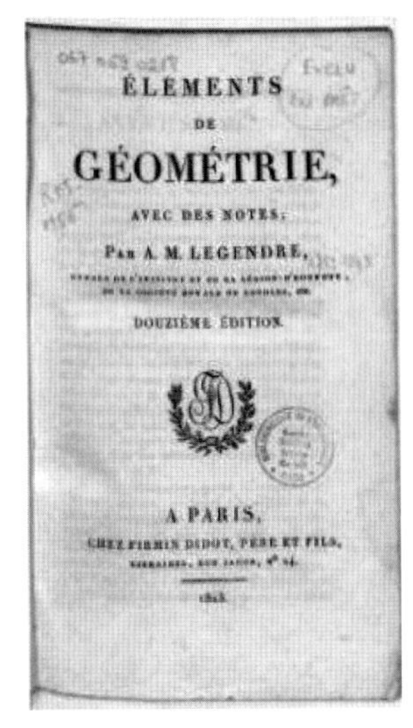

『幾何学原論』第12版表紙

ラグランジュの『幾何学原論』は，現存を私自身がまだ確認していませんが，おそらくもっと多くの言語に翻訳されていたことも予想されます。驚くべきことに，ラグランジュが亡くなった後も熱心な弟子の一人バシェが改訂版の出版を繰り返すほどの人気が続いていたからです。後に再度触れるように，日本でも，その第一巻だけですが，その和訳が出版されています。

ルジャンドルのこの著作は，「論理的に厳密なユークリッドの原論の再構築」を目指したものでありましたが，実に意外なことは，ルジャンドルほどの大数学者が，彼の『幾何学原論』にこれほど熱心に改訂を重ねた理由は，「平行線公準の厳密な証明」を諦めていなかったことでした。単位球面上の三角形において，「内角の和の2直角に対する超過が三角形の面積と一致する」という，今日，ガウス・ボンネの定理と呼ばれる非ユークリッド幾何学の基本定理を『幾何学原論』の球面三角法の章で彼自身が展開しているにもかかわらず，ですから，今日の私達の目には奇異に映ります。球面が平面とは，同じ空間に配されるものの，当然のことながら，全く別の世界であり，統一的に論ずることはできるはずもないと思い込んでいたのでしょう。球面が平面と同格の2次元の曲面であるという認識が一般化するには，この頑固な先入観を克服する必要がありました。

ユークリッド『原論』の真の姿

しかしながら，20世紀に入ってはじめて正確な全容が復元されたユークリッドの『原論』とラグランジュの『幾何学原論』には大きな相違があります。ラグランジュ自身が，ユークリッドのオリジナルな書物を知らなかったのですからこの相違は存在して当然ですが，それ以上に，ユークリッドの『原論』13巻で扱っているのは，いわゆる幾何学のみならず，数論や比例論（現代的にいえば実数論，伝統的な表現を使えば，連続量の理論）から今日では全く理論的な意義を感じさせない通約可能性と不能性の理論（平たくいえば無理量論ですが，正確さを犠牲に敢えて現代的に表現すれば「有理数体上の２次の代数拡大の理論」に近いものです）まで多様な主題に渡って当時の数学的知見全体をカバーするものでしたから，学校教育で話題となるいわゆる初等幾何学からの想像ではあまりに狭すぎるのは当然ですが，ルジャンドルの『幾何学原論』は，そのような初等的な幾何の話題を遥かに超えて，アルキメデス的なアプローチによる円に関する理論，円錐や球を中心とする曲面幾何，さらには，球面三角法など，さらにはオリジナルな『原論』にはない円周率の計量的研究などを扱う，その書名にふさわしいユークリッド的な幾何の包括的な叙述でありました。

しかし，ユークリッドの『原論』とルジャンドルの『幾何学原論』には，このような構成上の違い以上に，大きな違いがあります。それは，大袈裟にいえば同じような幾何学的な問題に対して，接近する際の《方法論的な違い》です。

ユークリッドの『原論』については，しばしば指摘されるのはその《有限主義》です。「無限に延長しても交わらない平行線」というような《無限》を持ち出す表現を忌避する態度を有限主義と呼ぶのですが，そもそも「作図」できるのはあくまで有限の世界であるで，それを超えた可能性を現実性と混同して論じないというのは，禁欲というよりは分別ある節度として，比較的容易に了解することができましょう。

ユークリッドの『原論』についてもう一つ重要なのは，頑（かたく）なまでの《反計量主義》です。我々近代人にもっとも分かりにくいのは，計量的な概念を極端に忌避する『原論』の姿勢でしょう。『原論』における《相等性》や《大小》は，図形の完全一致（完全な重なり）や「全体と部分」の関係にすぎません。言い替えると，近代以降であれば，量，すなわち非負の実数で表現することが自然な，線分自身と区別された《線分の長さ》，角自身と区別された《角の大きさ（角度）》などの概念が一切登場しないことはもちろんのこととして，《求積問題》（《面積》や《体積》）への実際的関心が意図的に完全に隠蔽されていることは，近代以降の我々には異様にさえ映ります。面積などが古来から数学的関心の対象であったことは，古代オリエントや古代バビロニアの数学の記録から明らかであり，古代ギリシャでも関心の存在は有名な「三大問題」からも明らかであるからです。また，ユークリッドとほぼ同時代のアルキメデスの偉大な業績からも明白ですから，ユークリッドの反計量主義は際立っています。

閑話休題

古代ギリシャの三大問題

「与えられた円と等しい面積をもつ正方形の作図」，「与えられた立方体の２倍の体積をもつ立方体の作図」，「与えられた角を三等分する直線の作図」が，通常の「定規とコンパスを有限回使う」方法では作図できないという《不可能性問題》についてすでに古代ギリシャで注目があたっていたことはとても印象的です。不可能性問題は，卑近な実用性からは程遠いからです。

実際，円の面積を実用的に求める近似に関しては，遥か昔からいろいろな「公式」があったようで，特に有名なのはリンドパピルスに記録された有理数近似ですが，相対誤差は0.6% 程度ですから実用上は困らなかったと思います。「円の正方形化」の不可能性は，まさに円の面積を求める問題が通常の方法では不可能であることを意味しますので，ユークリッド的な文化の雰囲気を感じさせますが，厳密値に迫る精度評価付きの近似（不等式による評価）は円に内接外接する正 96 角形を利用してアルキメデスが達成しています。

「倍積問題」については，デロス島に疫病が流行したときの神託に由来するという話がありますが，$\sqrt{2}$で済む面積の場合と違って，$\sqrt[3]{2}$ は有理数係数の２次方程式に帰着できない３次方程式 $x^3-2=0$ の解ですから数学的には上の円積問題よりはずっと単純です。実際，古代ギリシャでも，様々な曲線を使った作図が試みられています。

「角の三等分問題」のような単純な問題に深遠が潜んでいる

という発見の起源についてはほとんど分かっていないと思いますが，２等分作図は簡単にできるので，これを無限回繰り返して良ければ $\frac{1}{2}+\frac{1}{2^2}+\frac{1}{2^3}+\frac{1}{2^4}+\frac{1}{2^5}+\cdots\cdots=\frac{1}{3}$ から簡単です。作図をユークリッドの『原論』の第１巻公準 1，2，３に限定するという古代ギリシャ的哲学と有限主義がこれを阻んでいることが大切だと思います。

円の制約を打ち破る試みは，倍積問題でも触れましたが，quadratix（邦訳すれば円積曲線）とか concoid など 円以外の様々な曲線論の源泉となりました。

その結果，近代以降であれば非負の実数の和や差で表現することが自然なそれら計量的な概念の演算（加法，減法）が，図形上での和や差でしかないことも注意を要する点です。

もっとも典型的なのは，三平方の定理でしょう。ユークリッドの記述は，「直角三角形の斜辺上の正方形は，他の２辺上の正方形を併せたものである」というタッチであり，$a^2=b^2+c^2$ のように表現される現代の学校数学の解釈とは全くといって良いほど違うものであるからです。

そもそも学校数学のような三平方の定理の記述は，直角三角形の各辺の上に作られる相似図形－例えば半円－の面積は，斜辺上のものが，その他の辺上のものの和であると言い換えられるような，良くいえば直角三角形の辺の長さについての一般的な計量的主張であるのに対し，『原論』では正方形に限定された主張に過ぎないことが大切です。

ユークリッドの『原論』がこれほど計量概念を注意深く避けるのは，なぜでしょう。明白な理由は見付かっておりませんが，そもそも計量の出発点にあたる「線分の長さ」に関して，当時の表現を使えば，《通約不可能性》（incommensurability）の問題，つまり整数比で表現できない線分の発見にあるという可能性は大きいでしょう。今日流に割り切っていえば「無理数の発見」という大事件です。もっとも基本的な「長さ」という概念ですら怪しいとすれば，面積や体積などその応用的概念が忌避されるのは当然です。

かつては，ユークリッドの『原論』第3巻などで展開される矩(く)形の面積の分割に関する諸議論が，《幾何的代数》Geometric Algebra，すなわち，バビロニア以来の代数的な研究成果を論理的な困難を避けるために「幾何学的な衣を装わせた代数学」である，という主張が著明な現代代数学の指導的な数学者からなされていたこともありますが，古代から知られていた代数学的な知見を線分の幾何学的関係に置き換えて表現したとする，示唆に富んでいるけれど強引な解釈をするよりも，『原論』のありのままの姿を反計量主義的態度として受け入れる方が無理がないと思います。

なお，通約不可能性の最初の発見は，今日学校数学で一般化している数論的な証明ではなく，純粋に幾何学的な証明であったと推定されています。確かに，いまもタロット占いなどに生きる正五角形とその対角線の作る図形の異なる線分同士の間に共通な尺度（共通単位長）が存在するとすればそれは与えられたいかなる線分よりも短いこと，したがって存在し得ないことが，いわゆるユークリッドの互除法を用いて簡単に証明できるからです。

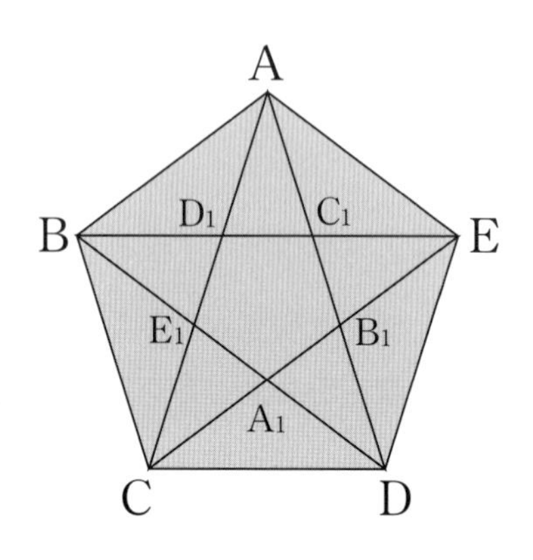

正５角形と対角線

確かに，19世紀以降の数学史が明らかにしたように，面積の定義は，意外に難しい論点を含んでいるのですが，学校数学では小学校の最初にもっとも基本的な場合を学び，それをいつの間にか面積公式──例えば正方形の面積は，一辺の長さの平方に等しい──として一般化するという誤魔化しをしているのですが，その証明には，本来は，面積を基本に立ち返って定義する測度論的な発想と，有理数の極限としての実数を扱う正当化の操作が必要です。

そして，ユークリッドの『原論』も，その第５巻に詳しく展開される比例論を前提にすれば，計量問題を，量の間の比例関係として論ずる方法は用意されています。ただし，ユークリッドの『原論』では，その比例も「同種の量の間の比」に限定されることは特に注意が必要です。その典型が，円とその直径上の正方形（の面積）との比例関係ですが，『原論』の命題は，あくまで円同士の比，正方形同士の比の相等性であり，分かりやすいように，円 disk と正方形 square を，D_1, D_2，S_1, S_2と近代的な記号法を使って表せば，

$$D_1 : D_2 = S_1 : S_2$$

という比例関係であって，円と正方形の比

$$D_1 : S_1 = D_2 : S_2$$

ではないのです。後者であれば，この比の値π：4で円周率を考えていることの前提条件に相当しますが，それを抑制しているのです。

もっと詳しくいえば，例えば，線分 A，B を直径とする円D_A，D_B同士の比，それぞれを一辺とする正方形円S_A，S_B同士の比の相等性，すなわち，$D_A : D_B = S_A : S_B$という関係は考えられているのですが，近代的な感覚からすれば，これを数学的により興味深い$D_A : S_A = D_B : S_B$という関係に置き換えることは禁じられているということです。後者は，円の面積を正方形と比較して求めるという実践的な課題を表現するものですから，これを禁じている『原論』は，計量という実用的な発想を禁じているに等しいということです。

しかしながら，実用性的利便性の乏しい，このような反計量

主義的な態度が，古代ギリシャ数学全体に及んでいたわけではありません。その一番の証明は，ユークリッドとほぼ同時代の大天才アルキメデスが，当時の学者が誰もが納得するユークリッドの酷似した厳密な方法で，多くの求積問題を体系的に扱っていたからです。

しかし，アルキメデスの偉大な仕事は近代に入るまで忘れられ，学問の規範として尊敬を集め大きな影響力をもっていたのはユークリッドの『原論』の方でした。近世ルネッサンスの時代，求積問題が大きく取り上げられるようになった時代になっても，アルキメデスの方法は『古代人の二重帰謬法 double reductio ad absurdum proof』とか『窮塵法 method of ex－haustion』などと呼ばれ，厳密ではあるが面倒臭い非実用的な手法と見なされていたことは留意しなければなりません。

これまでの日本の幾何教育

明治以降昭和末期まで

日本は，西欧と違い，ギリシャ精神を自分達の文化的なアイデンティティの起源とみなす伝統的な風土がありませんでした。明治維新の時代，和算でなく洋算を採用したときにも，西欧列強に追い付く富国強兵政策にどちらがより合致しているかという類の判断規準しか有していなかったに違いありません。

したがって洋算といっても教育の中心は，実用的な代数学と三角法であったわけですが，西欧諸国，特に英国とアメリカで重視されていたユークリッド風の初等的な総合幾何にも注目が行くという歴史の好運な偶然が働いたようで，前に触れたように，ルジャンドルの『幾何学原論』（ルジャンドル歿後の改訂版）の邦訳（ただし，ほぼユークリッドの『原論』第一巻に対応する第１巻だけ）が出ていることは，明治期の教育関係者が西欧諸国の教育事情に「追い付き追い越せ」の気慨を有していたことを彷彿とさせます。イェズス会の宣教師がやはりユークリッドの『原論』第一巻の中国誤訳を指導したときのような『原論』の公理的な構成に見られる論理性への憧憬が基本的な動機であったかどうかは怪しいところであると思います。おそらくは，西欧の教科書を集めてそれを参考としたカリキュラムが作られたことの副次的な結果でしょう。詳しい経緯は筆者が本来参照すべき資料を持ち合わせていないので厳密には断言できませんが，「健全な良識」に依拠した「厳密な幾何学」が指向され，旧制中学／高校レベルの教育の普及と水準の向上につれて，西欧における教育の実像が多くの人の間に伝来するにつれて次第に《幾何教育の理念化》も進行していったものではないでしょうか。数学史，数学教育史に関心を抱いた偉大な先人の影響で，いまから思うと比較的初期の段階から，西欧におけるユークリッド『原論』を数学的精神の中心におく西欧の思想が紹介され，西欧と比較すると，時代後れではありますが，太平洋戦争前の高等師範学校ではユークリッドの『原論』の教育的な意義が講ぜられていたようです。

太平洋戦争後も，当初の混乱期を過ぎると米国の強い影響下で改編されたカリキュラムも，それなりの落ち着きを取り戻し，数学Ｉ代数，数学Ｉ幾何を基礎とする日本独自のカリキュラムへと整備がなされ，その後の経済成長期からはさらに現代化に向けて学校数学が強化されることになります。

数学教育の現代化の風と嵐

昭和35年からはじまる中学校の新幾何カリキュラムは，中１におけるユークリッド幾何の入門にはじまり，中３における三平方の定理や円の諸性質，三角形の５心といった数学的な項目が盛り沢山のもので，それに加えて，三角法や近似値，有効数字の考えを含む実学的な要素まで含まれていました。いまにして思うとなぜそれが可能であったのか，想像もつきません。しかし，高校数学には，鈍角の三角比などは残ったものの初等的な総合幾何は消去され，代わってベクトルやら複素平面という現代的な話題が入ってきます。その背景には，国際的な数学教育の現代化の動き以上に，わが国の「科学技術立国」という政策的な配慮があったように思います。

さらにその10年後の改訂では，世界的な《数学教育の現代化》New　Math 運動に呼応する形で，中学数学も含めて一層の《現代化》の方針が明瞭に打ち出され，幾何では中学で，変換（合同変換，相似変換，連続変換）の考え方やら多面体のオイラー標数の話題までをも取り込んだので，いまにして思えば現場の混乱は察してあまりあります。高等学校では，中学の三角比を吸収した数学 I はいまから見るとその過度な充実振りに驚きます。幾何分野では解析幾何と平面ベクトルが数学 I にあり，ユークリッドの伝統を打倒して，総合幾何的な要素を「平面幾何の公理的構成」という新単元で吸収するという，いまから考えるとあり得ない方針が採択されたのでした。世界的な「打倒！ユークリッド」の嵐すらにわが国も巻き込まれた，といっても良いでしょう。

この行きすぎた「現代化」がもたらした学校現場の混乱と反発が，New Math に対する国際的な批判と相俟ってわが国は文教行政の混乱期に突入します。

ゆとり期の混乱とその後

その後もほぼ十年を周期として繰り返される指導要領の改訂は，「高尚な学習目標」の改訂が目に入らない現場には，単なる朝令暮改のような指導単元の入れ換えと映り，それに対する現場の否定的反応の火消しに行政が取ったカリキュラムの「縮減」措置が混乱の火に油を注ぐ結果を導き，それに対してまた

ad hoc な改訂が繰り返されるという悪循環が繰り返されて行くのです。

一旦緩めたカリキュラムの引き締めが困難なことは，そのカリキュラムで学生時代を過ごした人がすでに教員になっていることです。幾何に関していえば何も習った経験のない教員を新しい幾何教育の担い手として期待しなければならないことは，もはや引き締めは一部の例外を除けばあり得ない段階まで来てしまっているということです。これが文教行政で，政策を実装する際に十分に考慮すべきもっとも厄介な点であるはずですが，わが国ではその余裕もなく改訂作業が年中行事化されているのです。教育を「国家百年の大計」と呼んだ古人の英知にはほとほと頭が下がる思いです。

現在のような流れになった後で，文教行政が，学習者や教育者に大きな困難を感じさせる可能性がある初等的な総合幾何を，かつてのように大きく取り上げる可能性は一部の枠別に優秀な子ども達を集めた学校を除いては残念ながらあり得ないと思います。

日本の幾何教育の未来

基本的な視点

このような歴史を踏まえて上の課題を考えるとき考慮すべき

重要な視点を列挙しておきましょう。

先ずは，演繹的な総合幾何と計算的な解析幾何の教育における優劣の問題です。両者の長短は，互いに裏と表に例えるのがふさわしいようなまさに正反対の極であるように思います。

総合幾何には，子どもでも体験できる《試行錯誤を通じた発見的な愉しみの場》が提供されていること，解析幾何には，代数的記号法を通じた《計算処理だけで問題解決ができるという合理的な接近の経験の舞台》が提供されていることと，これらがそれぞれの決定的な長所であるといって良いでしょう。

反対に，総合幾何の論証には，証明にたどり着く前の暗い模索の時間や発見できない苦しみが，解析幾何には，代数的記号という抽象的な道具を正しく使いこなすための訓練の時間が不可欠であるという欠点が決定的です。

総合幾何の議論を組み立て，またそれを読解するには，個々の文の主張を一々図を参照してその意味と一緒に確認する《手間》が必須でありますが，そのプロセスは，他者の主張を丹念に追うという《理解・読解の基礎訓練》です。解析幾何の主張を理解するには，代数的記号法で表現された数式を追うという機械的な作業だけで十分です。それぞれの方法の違いは，抽象的に割り切れば，情報伝達のスピード，あるいは情報化の単純さ，あるいは情報処理の容易さ，視認性の簡便さで決定的であるといって良いでしょう。

それぞれの長所が，別の角度から見たときの他方の欠点につながっているという意味で，公平な比較では「良いとこ取り」はできないのが厄介な点です。しかし，若者の発達段階を考慮する教育の場ではそれができる，という視点も極めて重要です。

思春期早期の知的な冒険的な探求能力の誕生初期には，単純な論理と決りごととのような《硬い論文の作成練習》は大きな意味をもっているでしょう。そして何よりも子どもらしい発見の喜びがこの段階の教育には極めてふさわしいと思います。

他方，知性と判断力が成熟して来た年頃の青年，すなわち合理的科学的精神の目覚めの時期の青年には，その年齢にふさわしいより弾力的で自由な論理の構想力を鍛えるのにふさわしい複雑な論理的な推論を独力でまとめる創造的な能力の形成が求められると思います。

受験を含め，自分の将来を決めるための基礎的な勉強量が比較的多く求められる時期には，能力の範囲内で解決できるかどうかが見える問題との格闘がふさわしく，いくら時間を使っても構わない「暇な少年時代」の勉強には先の見えない問題との格闘がふさわしいと思います。

このように教育の段階に応じてそれにふさわしい教育内容を選ぶことで両者の長所を活かし短所が目立つのを避けることができるのではないでしょうか。重要なのは両者が目指す目的，目標をきちんと見据えて，綜合的，複眼的なアプローチによる最大の成果を達成することであると思います。

克服すべき課題

しかし，発見的にせよ，計算的にせよ，努力が面白いと感じられるのは，努力対象の問題解決が「ある程度難しい」からであることを忘れてはならないでしょう。「見るからに簡単」「誰でもすぐに分かる」「覚えてしまえば何でもない」という類の簡単は，よぽど素朴なレベルの子どもでない限り，興味を引くものではありません。

したがって意味ある幾何教育が成立するためには，学習者にそれなりに高い学習能力が期待できることが必要条件といって良いのではないでしょうか。いかに幾何教育が可能的な魅力に満ちたものであるとしても，学習者にその教育にふさわしい能力が存在しなければ，効果的な教育は成立しないからです。最近の学校教育では，学習者本人以上に大きな発言力をもっている保護者の学理と教育への理解の有無も無視すべきでないと思います。

能力は教育を通じて開発されるものであって，能力を固定的に捉えるのは間違っているという「正論」が反対論として唱えられることもわが国では容易に予想されますが，個人の能力に限らず，現在の個人の能力を超えた教育プログラムに耐えているときその姿は，「見るに耐えられない」というのは人間の基本的な心情です。先に指摘したように，重要な利害関係者である保護者の学力あるいは学力観を考慮することが重要でありましょう。

これら必要条件に加え，学校と学校が提供するプログラムについての信頼が醸成できる学校としての連帯感，一体感，そしてまた，最終的にもっとも重要な学校と教師への信頼感を形成するための諸条件にも学校として敏感でなくてはならないと思います。少なくとも，成績評価で生徒同士を保護者ぐるみで競争に巻き込む最近の日本の「進学校」では，学習指導要領で強制される枠組に入っていない幾何教育の実施はほとんど不可能といって良いのではないでしょうか。

基本的には，音楽や体育と同じように，数学的な想像力や論理的な作文力に関しても，ある程度の才能の違いはあり，数学の場合にも，それぞれの才能に応じた弾力的な教育システムが用意されるべきであることは，自明であると私は思います。そして総合幾何の教育に関しては精神年齢の低い時期に実施されるべきことを考慮すると，この要件は決定的に重要であることを強調しなくてはならないと思います。

逆にいえば，「万人のための教育」を謳ってしまった途端，発見的な総合幾何教育の芽はなくなってしまう，といっても良いでしょう。同時に，深い知性に憧れ，自発的に自ら学ぶという態度を鍛える絶好の機会も失われてしまうということに多くの数学教育の関係者がもっともっと敏感になるべきであると思います。

第5章

常識だけでは通用しない数学教育

以下は，東京理科大学教員免許更新講習「数学リフレッシュ講座」という機会に，現職の教員を相手に「数学史と数学教育」という素人好みのタイトルで行った講義を数学教育に深い関心を抱く方のために少しリライトしたものである。

前書きに代えて —— 子どもと大人

この講演のタイトルは「数学と数学史」というとても幅の広いものですが，ここでは，講習会の趣旨を考えて，学校教育を主眼に据えながらこのテーマで話をしたいと思います。

算数と数学

まずはじめに，この講演に向けての私自身の問題意識を皆さんと共有しておきたいと思います。

最初に，この講義の中では「算数」,「数学」の用語の違いを意図的に無視して,「数学」という言葉に統一させていただきたい，ということです。というのは，算数は，数学とは別である議論が日本の教育の世界の中にあって，私はそれ自身が理解できないからなのです。確かに小学校の先生には，xxx だけを教えればすむという《専門という名の隠蓑（かくれみの）》がないこと，そして習う側も,科目ごとに別々の先生から異なる「教科」を学ぶのでなく，一人の先生から「全教科」を教わるということで

《科目横断的な見識が自明な前提》となることは，教員養成上は大きな違いですが，数学の教育や学習という関してだけでいえば，レベルの違い，アプローチの違いを除けば小学校特有の問題があるというわけではない。中学や高校の問題にもそれぞれ特有の視点は必要ですが，教育全体を覆う《数学という大きな理念の傘》は大切にした方が良いと思います。狭量な「村」意識に閉じ籠るのは健全でないということです。

そこで，以下の話では，全部「数学」で統一したいと思います。

日本の子どもたちの数学力

次に資料の冒頭の「問いかけ」という項に書いていることですが，私が見聞するところ，今日本は至るところで子どもたちが「数学が嫌い」といっているようです。

中学生以上では，数学は生徒から最も嫌われる科目の代表のようになっています。日本に限らず国際的にも，特に先進国の間ではそう言われています。日本の場合，国際的には，数学の「基礎学力」は比較的高い，と言われています。世間でもそう思われていることでしょう。国際学力比較調査 TIMSS の調査データ，あるいは EU 圏の国々が指導的役割を演ずる経済協力開発機構 OECD（Organization for Economic Cooperation and

Development, 1961－）が主宰するPISAテストでは日本の子どもたちの成績は必ずしも悪くない。

しかし同時に公開された，学習に対する自発的姿勢などの調査では甚だしく残念な結果が返って来ている。要するに，一応の計算はできるが，それが若い世代の生きる喜びとは正反対の精神的拷問のように，「数学が得意な数学嫌い」という国際的には理解できない若者を作っている。

そういう若者を作っているのは日本の学校教育そのものの結果ではないだろうか，というのが私の最初の問いかけです。

これに対する反対，反問が当然あると思いますが，いかがでしょうか。

こんな数学教育は要らない!?

数学は，昔から苦手な人が多い科目であり，長い歴史を見ても数学はずっと敬遠されてきました。現代は高学歴化が進んでいますから，高等学校の数学を勉強する人口が昔より圧倒的に増えています。だから「統計的に」見て，数学が嫌いだという学生，生徒が増えるのは当然であり，昔と変わらないカリキュラムを教えていては，それが現代の高学歴社会の状況に通用するはずがないではないか，という意見です。

こういう「大衆化社会に合わせてカリキュラムを改訂する必

要がある」「カリキュラムだけでなく，教育方法や教育目標に関しても，変革する必要がある」「その昔の高等学校に進学した一部のエリートを相手にしていた教育の在り方を根本的に変える必要がある」「これからは，旧来の教育が目指してきた，単なる知識や技術の習得ではなくて，グローバル社会に通用するコミュニケーション能力をもった総合的知を有する人材の育成が欠かせない，こういう人材の育成が，学校教育で提供されなければ，学校の存在意義がもはやない」――こういう警鐘が，いろいろなところでならされています。行政の責任者たちの中からは，もし数学教育がそういう期待に応えられないのであれば，教科「数学」はいらなくなるというような主張が堂々と出てきている，今はそういうような状況にあります。

近世以降の新しい数学教育の価値

この種の反問は正しいでしょうか。

確かにその昔，わが国なら，士農工商という不条理な身分制度のなかで最下層に位置付けられた商人の子どもが，侍をも上回る力をつけるためには，「読み書きそろばん」という技術が重要でした。「読み書きそろばん」の能力が，商人の子どもにとって，立身出世の要だったわけですね。

実際，帳簿をつける能力がある人は近代の商業資本主義社会の中では日本に限らず，どこでも重視されました。ヨーロッパ社会でいえば，いわゆる商業が最も活発であったルネッサンス期のイタリア，特にヴェネティアですね。日本ではルネッサンスというと絵画や彫刻の明るさの方に目がいってしまいますが，それを支えていたのは財力，それを可能にした活発な経済活動でした。

そしてこれを支えたのが，イスラム世界から学び，西欧でさらに合理化された記数法だったのでした。当時発明された**十進位取り記数法**によって，数の計算が誰でもできる，合理的な方法になったからなんです。

ここでは，対照的な話題を一つ引きましょう。はるかに昔の古代オリエントでピラミッドのような大プロジェクトを遂行するには，そのプロジェクトに関わる膨大な数の職人，労働者のロジスティクスだけについても大変な計算が必要であったに違いありませんが，当時の記数法は厄介で，その結果，計算そのものが難解でしたから，そのような計算ができる人は特権的なエリートであったことでしょう。ルーブル美術館にある有名な「書記座像」はそれを象徴しているように思います。

また，中世の時代には，「読み書きそろばん」という実用術よりは，論理学，弁証術，修辞法，あるいは数論，幾何学，天文学（球面三角法），音楽（比例論）といった理論的な学問的な基礎が，聖職者（僧侶）や医師，法律家など，社会で高い地位の職業につく人々には必須の教養でありました。

それが近代になって，理論と実用の区別が曖昧になる，正確にいうと実用的な技が理論的な理解なしには成立しないレベルまで発達して来る，というべきですが，それとともに伝統的な身分制度が次第に崩壊して，高度な実用的な数学の知識がより大切なものになっていくわけです。その最初の典型が，会計の記録，すなわち簿記です。

皆さんの中には経営学についても勉強された方がいらっしゃるかもしれませんが，簿記では，驚くことに今も，正，負の数を使いません。その代わり，貸方，借方と分けて記録をつけているんです。その理由は，正，負の数が普及していない時代に，簿記の基本システムが開発されたからであると私は思います。その簿記を開発したのは，ルカ・パッチョーリという近世におけるアラビアの数学の先駆的な紹介者，啓蒙家でもありまして，彼が開発した，正，負の数の概念がなくても使える会計システムは「複式簿記」と呼ばれ，今日も使われています。合理的な商取引の記録方法で，正しくそして不正を見逃さない，そのようなシステムの数学的知識があれば，近世では，世の中に有用な人材となったのでした。商業に携わる市民の世界は当時から自由競争に晒(さら)され，もっとも先進的な世界であったと言っていいと思います。

現代という時代

今はどうなのかというと，ICT 革命とか AI 革命が急速に進行しています。前者はインターネットを介して，コンピュータ同士，最近では，日用家電製品からマーケットに流通する商品まで，さらには個人資産までがつながることを通じて，情報を通じた管理の革命的な構造改革が進行中です。後者に関しては，多くの人がその実態を知らされないままに，個人情報の自発的な提供による新たな市場開拓，巨大な広告産業，そしてスマートな国民の管理が急速に進行中です。このようなデジタル関連技術の進歩は著しく，私達の生活を大きく変えようとしています。

鉄鋼生産に代表される重厚長大産業と違って，集積回路の高密度化，記憶容量の大規模化，情報処理の高速化が実現するデジタル産業に代表される軽薄短小産業では，「目覚しい技術革新」が容易に達成できること ── したがって，ある国の技術的な優位がわずかの期間で他国に取って代わられ得ること ── が大きな特徴です。

長期間の試行錯誤を通じた膨大な数の発見とその改良，深い学識を前提とした大賢人の発する新しい思想による文化と文明の巨大な革新は周囲に普及して大きな変革となるまでに長い時間を要しますが，大衆の日常的な活動が発する大量の「個人情報」の蓄積から，数学的な処理によって「尤もらしい判断」を迅速に提供する，多様な「人工知能」の用途の拡大が目を見張るほどのスピードで進行しているのは，革新的なアイデアの発見や試行錯誤という人間的な知性の代わりに，「より多くのデータ」の収集と，それによる判断の尤もらしさの向上という技術の革新的刷新が，機械的な探索範囲の拡大，機械的な試行錯誤の回数の増大でもたらされているからです。何もしなければゴミに過ぎない膨大な「情報」に対する適当な自動的構造化を通じて《活用できるデータ》を抜き出す，あるいは掘り起こすという処理を人間の頭脳や手を煩わせることなく，機械がまさに機械的にやるようになったからです。

このような「一見知的な人間的仕事」が，《数学を通じて》機械化されていることが現代のデジタル関係技術の革新の核心です。

いわば，経験豊かな知識の巨人の発する英知溢れる高尚で深遠な判断に匹敵し，ときにはそれをも上回る，膨大なデータの計算の結果に基づく機械的「判断」に，「最も尤もらしい」という妥当性の御墨付を与えているのは，数学的な近似のアルゴリズムであるということもできるでしょう。

現代という時代における数学教育の見えにくい価値

そういう数学の新しい実用性の時代になると，素人にも分かりやすい初等数学の実用的価値はもはや存在しません。だれもが「読み書きそろばん」は大事だと思っていた時代は終ったことを自覚しなければなりません。さらにいえば，高等学校の数学も含めて学校数学の程度では，現代社会の多くの場面で活用されている実用的な数学に対応できないのです。

他方，私が「初等的な数学の実用的価値がもはや存在しない」というときには，“数学を知ろうとしない素人にとっては”という限定条件が大切であって，数学の実用的価値は，宇宙産業のような古典力学が圧倒的な力をもつ業界だけではありません。合理化，省力化，コスト削減，付加価値の増大を至上目標とする現代の多くの産業分野，例えば，流通ビジネスのような業界の人々にもほとんど自明です。

しかし，高校生のレベルの若い人たちが，自分で進んで数学の有用性を理解しようとしない限り，分かりやすい数学の実用的価値は，なかなか見えない。

私が，高校生や中学生に対する講演で，半ばごまかすように話題とするのは，彼らが良く使っている携帯電話のGPSを使った位置情報の話があります。「皆使っているけれど，自分の位置がどうやって分かるのか？」と聞いてみると，多くはまったく知らない。GPSという単語は知っているがそれが何をやっているのか分かっていない人が多い。

GPSの基本はすごく簡単なことで，GPS衛星という，位置の分かっている人工衛星からの距離を，信号の到達時間から計算して測ると，GPS衛星の位置を中心とするその距離で決まる球面が定まる。GPS衛星が２個あると，２つの球面の交線として円が決まる。もしGPS衛星が３つあると，３つの球面の交点として，２点が決まるわけです。４つ以上あれば理論的にも１点に決まります。衛星の現在の位置を知るのと，衛星からの距離を知るのに，GPS衛星から電波で発信される《時計の情報》が必須で，ときには古典力学を超えて相対性理論的な補正も必要になると聞きますが，誤差の問題を無視すれば，基本となる数学的な原理は単純です。いってみれば球面の簡単な３元２次方程式を連立したものの解法だけです。

しかし，この話にしても，GPS衛星からの距離をどうやって計るのか，というところには，遠く離れて高速に運動する点の間で時計をどう同期するか，難しい数理物理学が使われていて，誰もが分かる簡単な高校数学のレベルではない。

ということは，数学の実用的価値を知ろうと思っている人たちには，たとえ話が少々難しくなってもその先に話を進められますが，数学の価値を否定しようと思っている人たちに数学の価値を説得しようとしてもなかなか分かってもらえない。

同じことは，もっと初等的なレベルでもいえます。スマホのディスプレイを指でツンツンといじっている人は多いと思いますが，それでアイコンや写真のリストが動いたりすることの原理を理解している人は少ないでしょう。数学的にはその原理は簡単なことです。具体的な詳細は私も知りませんが，おそらく毎秒何十回となく，触っている指の位置をセンシングしているんですね。このセンサーで指の刻一刻の位置が分かるとその時間変化を指の動きとして認識されるということです。時間によって変化する点の情報を動きと解釈して矢線ベクトルとして計算する。初期位置と動きの速さと方向を携帯電話に伝え，それに応じてディスプレイの見掛けの変化が起こるというだけです。こんなポピュラーな機能の中に数学のベクトルという考え方が使われていることは，ベクトルを知っている人ならすぐに，なるほど，そういうことか！と納得してもらえると思いますが，「数学が何の役に立つんだ！」と言いたい人には，「俺はスマホが使えるだけでいい」というだけで終わっちゃうでしょう。

現代における数学教育の根底的な見直し

初等数学，高等数学，学校数学の実用的価値は，もはや存在しないというところから出発しなければならないのではないかと私は思います。

初等数学の実用的価値は，大学の数学まで勉強して，例えば工学部にいってその数学の《実装》を経験する人にとっては自明だと思いますが，そういうチャンスをもたない多くの人々にとっては，見えづらいものであることを認めることから再出発しよう，数学の価値，数学教育の価値をもう少し慎重に考えてはどうか，ということです。

現代における数学教育の安易な見直しの陥穽（かんせい）

私が最初に紹介したいわゆる「高学歴論者」たちが，彼らの主張を堂々と展開する社会の表面的な根拠はいっぱい見つけられそうですが，私から見ると，こういう人たちは「いかなる数学教育の歴史を踏まえて主張しているのか」。「そもそも歴史を本当に知っているのか」，「今を高学歴社会という人は低学歴社会のことをどのように知っているのか」と疑問に思います。

そもそも厳しい批判に耐える正史すら怪しい，たかが150年ほどの明治維新以降の日本近代化の歴史さえ，正しく評価する歴史を未だに持たず，いわば文学的な英雄列伝，あるいは勝利者史観だけの偏見的な歴史観の中にいる。それが学校教育史になると，さらに，主観的，断片的，個人的なレベルになりがちである。それ以上のものがあるのか，私は問いたいと思います。

社会現象を分析する際に最も注意しなければいけないのは，性急な一般化の危険です。それをこういう論者たちはどこまで踏まえているのか，私は甚だ心配になります。果たして本当に歴史を知っているのか。

そもそも，「教育とは子どもの中に眠っている可能性の開発である」──こういう教育の根底的な大原則をただのきれいごととして済ませて，安易な社会的・歴史的な考察に陥っているのではないか，ということです。

高学歴社会論の見落している重大な点

そもそも高学歴というのはどういうことか。昔だったら「高等学校には入れなかった」，「大学にも行けなかった」人は多いでしょう，そういう学校にいって，そういう学歴にふさわしい，広い学識と高度な専門性を身につけるチャンスを一握りの特権階級以外の人々に与えるというのが，高等教育の普及の本来の意味でしょう。「高等教育を受ける人の数が増えるほど，高等教育が大衆化し，教育内容の質が劣化する」──そんなことがあっていいはずはないと私は思います。

そもそも本当に深刻に考えなければいけないのは，高学歴社会にあって，その御利益に与って甘い汁のおこぼれに与っているのは誰か？という問題です。

大学はかつての高学歴の代表でありますが，今の大学教師の数は，昔の中学校の先生の数より多いという現実があります。「その結果，大学教授の質が落ちるのも当たり前」という言い方も聞くんですが，そんなところで，時代錯誤的な大学の権威に甘えている大学の「研究者」たちは本来の社会的期待に応えているのか。中学や高等学校も同じだと思います。「高学歴」を身につけることによって，高校，中学でも，多くの教職という職業が生まれる。その社会的な負託に応える義務が新しく生じているはずですが，それを真剣に受け止めている人が少ないのではないでしょうか。

一方，高学歴社会にあって，若者達は，その恩恵を受け，その幸福を味わうというよりは，実際には，高学歴販売ビジネスという悪徳商法の犠牲になっているような人が少なくない。

若者たちは，名ばかりで実質を伴わない「高学歴」の実態に辟易としているのではないか，自分の高学歴を幸せを感じている若者はどれだけいるのか，ということを私は問うべきだと思います。

最近ではもはやすっかり常識になりましたが，『数学は暗記だ』という教えを信じて疑わない少年少女たちが描き得る明るい未来というのは何か，数学でさえ暗記になってしまうならば，もうほとんどすべての勉強が暗記という忍耐，苦痛になるわけです。そんなものになってしまったならば，何が学校で楽しいだろうか。

最近の学校では，教科以外の活動が盛んだといいます。それは大いに結構なことです。しかし，学校において，教科以外の課外活動 extracurricular activities が中心になっているという日本の状況は世界の中で異常というべき状況です。学校活動の中心は言うまでもなく教科の学習です。

今は，高学歴社会という幻想の下で，低学力層相手のサービス産業全盛という異常事態が続いていることが背景的な原因であると思います。人生の栄光と結び付くと信じて，早朝から深夜まで課外活動に捧げる若者がそれが虚構の夢だったと気づいたら課外活動の指導者はどう責任を果たすのでしょう。

大衆化時代の数学教育という問題に誠実に答える前提条件

こういう現代社会の中で，「何のための数学教育か」，より根底的には「これからの数学教育は何を教育するものなのか」と問われなければならない。「数学教育というのは数学を教育するものだ」というのはひどく間違った名称ではないが，「数学を教育するとは何を教育することなのか」というより根本的な問題が問われなければならないと私は思います。このような厳しく難しくまた深刻な問いに対し，真剣にかつ誠実に，しかも学問的な厳密性を持って答えるためには，歴史的な視点が私は有効であると思います。そして，未来への具体的な提言を構想するためには，現状の問題点の正確な認識が不可欠であり，そのためには，現在を過去からの流れとして冷静に見つめることが必須であるといえます。

私達のいう現在というのは，単に「いまある」というわけではない。私達が過去のことを知らないで現在があると思っては絶対ならない。私たちが抱える現在はまさに過去からの流れであることを理解しなければいけないということです。

私はここで有名なワイツゼッカーの演説の一節を引用したいと思います。

「問題は過去を克服することではありません。さようなことができるわけはありません，あとになって過去を変えたり，起こらなかったことにするわけにはまいりません。しかし過去に目を閉ざす者は結局のところ現在にも盲目となります。非人間的な行為を心に刻もうとしない者は，またそうした危険に陥りやすいのです」

この言葉は，日本と同様，ドイツの重い歴史的な背景についてのものですが，私達も，過去を知らないどころか，意図的に目をつぶることがあってはならないと思います。特に，教員が若者に対してどのような指導をして来たかという問題です。いま流行の「生活指導」も「進路指導」もそのような《長い目》でつねに反省する必要があるはずです。そのような長い経緯で見つめないと見えて来ないことがたくさんあるはずです。

もちろん私達が直接相手をする若い世代は，そんなに昔のことを鮮明に覚えているわけではありません。しかし，先生方には，少なくとも1945年の敗戦後の教育の歴史には関心をもって頂きたいと願います。それが今日の数学教育の抱える真の問題の解釈に迫る唯一の道であると思うからです。

数学教育の短い歴史が教える惨事を踏まえた再出発

現在私達が抱える問題を考えるのに，半世紀以上も遡る余裕はないという方もいらっしゃるでしょう。しかしながら，思えば思うほど，戦後約60有余年[1]，特にここ30年間ほどは，政治家不在の中で日本社会を牽引して来た官僚制度の綻びがあらゆるところで目立ちましたが，文教行政に関しては，とりわけ誤謬を誤謬で糊塗する混乱に満ちた歴史だったと思います。誰の

1 この原稿の下になった講演をしたときの話であるのでいまから数えれば70年に接近しつつある。

目にも明らかな事例を一つ引用すれば，全国国公立大学共通一次試験に続くいわゆる大学入試センター試験は，台湾や韓国のそれと似た，しかし内容的には全く異なる制度として，しかもこの試験制度と馴染みの悪い度重なる学習指導要領の改訂と相俟って，日本の数学教育に《不可逆的な被害》という惨事をもたらしました。数十年前に，あの制度を設計した人々の間に，およそあのような試験を通じて，若者の将来が左右されるという事態が生ずることを少しでも想像することができていたか，甚だ心許なく思います。数学が暗記科目であるという信仰を日本の子どもたちに定着させたこともこの被害の一つであると思います。

数学教育の中で犯してきたそういう取り返しのつかない誤謬に対する深い痛みを通じて，真の新しい数学教育を展望し，そのような新しい数学教育を模索する連帯の輪を構築していくことができるはずです。まずきちんと歴史を学ばなければならない。

数学史が数学教育に与えるヒント

残念ながら，今日は，日本の数学教育の短い歴史について深く振り返る時間もありません。それは皆様の今後のご努力に期待することにして，代わりに数学史というアプローチが数学教育を考える際にどういうふうに有用であるかという，もっと実用的な面にフォーカスをあてでお話したいと思います。いわば，数学史が数学教育に与えるヒントです。

まず初めに，「数学史に対する一般の方の期待」ですが，多くの人が数学史が数学教育の現状を変革するための重要な柱になると期待しています。文部科学省の行政的な文書の中にも「数学史」が取り上げられています。一昔前の指導要領で「数学基礎」という科目を実装した際には最も明確に現れていました。

しかしながら，そのようなものが，数学教育の悲惨な現実を改善するという“魔法の杖”magic wandには決してならないであろうということを確認しましょう。やはり数学を勉強したくない子どもたちを急に数学が面白いと思わせる，そういうミラクルというのは決して起きはしない。多くの人々が，数学史に対してこういう魔法の杖を期待するようですが，その期待に数学史が答えることは決してないだろうというのが私の論点の第一です。その根拠について，いろいろ述べましょう。

数学史は数学を文化的にするか

「数学には人間的な要素がないから数学は空虚で，面白くない。」という主張があります。「勉強する意義が分からないから勉強する意欲が湧かない」というのはまことにその通りだと思いますが，数学史を通して，「非人間的な数学が人間的な数学に変身するか」，「空虚な数学が突然豊かな数学に変身するか」，「やる意味の分からない数学が意味が分かるようになるか」，というと私は全くそういうことはないだろうと思います。多くの数学史のアマチュアの方が数学史に寄せる期待を受けてでありましょうが，数学史の題材，といっても私から見るとそのほとんどは数学者，数学関係者の単発的なエピソード，逸話，ときには典拠がない写真（中には，生没年すら知られていない古代の学者の写真！）では，人間味の味わいを演出するどころか，啓蒙的な物語にもなっていない。数学で一番まずいと思うのは，根拠もないということです。根拠がないというのは証明がないのと同じですが，もともと根拠の書かれていない「良い子のための数学者伝記」から孫引きしているせいでしょう。

数学が好きな子どもが数学がますます好きになるという影響力は期待できると思いますが，数学が嫌いな子どもを，数学好きにする効果は期待できない。非人間的な数学に，そんな安直な方法で，「文化の香り」がつくと思う方がおかしいと思うわけです。

そもそも人間味とか文化的な香りというのを気楽に語る数学関係者が多すぎると私は思います。人間味とか文化という言葉，その意味さえ，数学を専門にやっている人たちはほとんど知らないのではないでしょうか。人間味 humanity という言葉がどういう意味であるか。これはルネッサンス文化を理解しなければ何も分かるはずがない。文化に至ってはもっと難しい。今，文明 civilization と文化 culture という概念は対比的に語られますが，culture は，これはラテン語の colere＝耕すという語に由来するそうで現代英語の cultivate に対応する単語を見出すことはできますが，それを「文化」，“文を分ける”と強引に日本語に訳したわけですがそもそも翻訳が間違っている。文を分けるとはなにか。土を耕すことがなぜ文化なのか，近頃の「文化」人はその意味が分からないでしょう。中世のラテン語では，耕された場所を意味していたようです。耕された土地は肥沃で，そこからはいろいろなものが育つ。土地を耕すことは，そのあとの稔りのために必須の前提条件ですね。「文化」というのはそういう将来の成長の可能性を耕すということですから，さしづめ「教育」というくらい思い切った訳語の方がよほどよかったですね。そういう colere という言葉も知らない数学関係者が「数学の文化的な価値」を語る方がおかしいと私は思います。

そもそも本来数学というのは人として学ばなければならないもの，という意味でした。「人間的な意味」とか「文化的な香り」というような意味不明瞭な修飾で飾る必要のない人間として本源的な営為であったことを忘れないで頂きたいと思います。

ちなみに，人間的 human というのはどういうことかというと，神的divineでない，神聖なものではない，ということです。近世になってヒューマニズムが強調されるようになるのですが，それまでは人間は所詮人間であるのに，神様に似せて創られたという旧約聖書の冒頭の教えで人間の中にある原罪＝卑しい品性を克服して神に許しを乞い，神性に少しでも接近するのが人間の生きる道でした。それに対して，神性への接近を否定して，人間らしさを中心に置く新しい思想がルネッサンス期に大きく出てくるわけです。わが国では，「人文主義」などと難しく訳されますが，「人間中心主義」の方が分かりやすい。

しかし，限りない厳密性を指向する数学的な思考は，果たして人間中心主義humanismと良く調和するのでしょうか？数学に人間味を与えると主張する人には，そんなことも考えて欲しいものです。誤解がないようにちょっと補いました。

数学教育に科せられている期待

さらに数学史の教育が数学教育で有効であるか，という問題も重要です。扁平な効率主義の問題ではなく数学教育に科された期待に応えるという問題です。

私は，学校教育の目的の一つが人類が蓄積して来た知識や技術を，より効率良く次世代に伝達するという点にあることは否定しようがないと思います。

人類は17世紀以降，数理的なアプローチに基づく偉大な文明を築いて来ました。いわゆる自然科学とそれに基づく科学的な技術の文明です。その科学的な文明の基礎にある数学自身にも17世紀以降に本当に大革命があります。すなわち，代数的記号法に基づく微積分法という手法，さらには解析学という手法を使った数学の広大な応用の世界です。近代の微積分によって人類は，それまで何千年かの間，人類が手にすることができなかったような知恵を一気に手に入れることができたのです。

その新しい近代的なツールとそれを支える思想を一緒に次世代に伝えるというミッションを数学教育は担っているのですから，そのミッションを効果的に遂行するために学校カリキュラムを組まなければならない。高校を卒業する頃には少なくとも微積分の基本的な方法くらいは分かるようになってほしいという願いをこめて学校のカリキュラムを組まなければならない。そうしないと近代文明文化というのを次世代に伝えることができなくなってしまうからです。

21世紀になっても未だに17，18世紀の微積分の教育なんかやっていていいのかという人もいます。確かに，21世紀にふさわしい新しい数学教育が模索されるべきではないかというのはキャッチフレーズは魅力的に映りますが，微積分の精神と方法を伝えることに失敗するようでは，近代文明の中核的な部分を伝達し損なったか責任が問われることになるでしょう。その責任を踏まえると，高等学校までの数学の到達目標として，最小限の微積分法の知識と思想を伝えることに責任をもつべきではないか，と私は考えます。そのためにどうすべきか，というのが一義的な問題で，その中で「数学の文化的な価値」とか「文化的な香り」も添えるためにどうすればいいのか，と考えるべきであって，数学の面倒な技術的な面は放っておいて，文明・文化について語ればいいというのは，単に虚偽とか空虚といってすませる話ではありません。これだけでは無責任といってもいいのではないでしょうか。

数学における技術的な知識の伝達も，我々に期待される任務であることを忘れてはならないのです。

安易な数学史への逃亡を慎みたい

数学史を活用することで，数学教育の任務がより効果的に達成できるのでなければ，それは数学史を活用しているのではなく，悪用していると言わざるを得ない。独りよがり，悪乗り，敵前逃亡をしていると言わざるを得ないです。

現代に至る多彩な科学の基盤である数学の学習を通じて，自己の理解に向かう深化の経験を積むと同時に多様な文化への謙虚な態度を養う，という大切な機会を，中身の薄い数学の表面的なレッスンと，人類の歴史文化への謙虚さを欠く安直な接近で奪ってしまう危険性に私たちはもっと敏感でなければならないということです。

以上が最初にしっかりと確認して頂きたいことですが，数学史を活用することは素人が思うほど決して容易ではない，ということです。

少し分かっている人の考えについて

一方，もう少し数学史の活用について分かった人の期待はどうかという話をしたいと思います。多少なりとも，数学史の勉強をした経験がある人は数学史の数学的な話題，言い換えれば，「昔の時代の現代数学」が教材になるという考え方です。例えば，17世紀に近代数学が誕生する直前の時代の数学，例えば16世紀の数学，先に紹介したルカ・パッチョーリの話とか，近代イタリアの方程式研究の話とか，そういう頃の話を実際に教育の素材として活用すると面白いというふうに思う主張があります。

原典を利用した数学史教育の肯定的な可能性と否定的な可能性

確かに，語って聞かせる数学史物語よりも，実際に資料を読むことで，生徒たちを当時の数学の最前線に参加させる，今からみると素朴な数学ですが，その昔は現代的だった数学です。

これは本格的に取り組めば面白い話ではあります。語って聞かせる物語というのは所詮は受動的な勉強ですから，優秀な生徒が集う，日本を代表するような進学校の先生方は，検定教科書とか普通の受験勉強などを指導すると，子どもたちからばかにされると思うんでしょうが，そういう子どもたちには，こういう話題は結構効果的でしょう。

しかし，もし抱えている生徒が受験勉強で精一杯というところで，こういうことを試してみると，それは悲惨なことになりそうです。「あの先生の授業は数学ではなくて社会科の授業である」というような非難が出て大失敗になること必然だと思います。昔の数学というのはそれなりに面白いんですけど，相手の力を見てやらないと大変なことになるでしょう。

そもそも数学史の古典にアクセクして理解しようとするのは，いまの日本の高校生にとっては，外国語の障壁だけでもかなり大変なことでしょう。今の日本の高校生はかわいそうなことに，初歩的な英語しか知りませんから，ラテン語やギリシャ語などの古典語を読める高校生はまずいないですね。昔であれば，昔の旧制高校の学生であれば，ラテン語はともかく，ドイツ語，フランス語くらいは読めたものでした。「デンカンショー，デカンショーで半年寝て暮らす」という有名なデカンショの起源が「デカルト，カント，ショウペンハウエル」だという説があるくらい，西欧哲学に（それにしてはずいぶん偏った！）かぶれていた，という話も残っています。

しかしながら，いまラテン語を勉強している学生は，日本を代表する受験校でさえ，学年に１人以下になっているのではないでしょうか。おそらくフランス語やドイツ語を読める生徒でさえ，10人もいないのではないでしょうか。

こういう外国語に関する教養が乏しい中で，いくら「昔の」といっても数学の原典を取り上げることは不可能でしょう。下手をすると，原典の仏訳の英訳の和訳の現代語解説なんてことになり兼ねない。そうなると原典に接するという数学史の一番の醍醐味はなくなってしまいます。

これがわが国の厳しい現状です。

AI時代に要らなくなるお勉強

いまの若い世代は概して無教養です。かわいそうなんですけど，今子どもたちは「これからは英会話くらいできなくちゃ」とか言われて，中学校１年生から「How are you?」「I'm fine, thank you. And you ?」なんて阿呆くさい勉強に貴重な青春の時間を無駄に費やすことを強制され，文法的な勉強が，極端に貧困化しているようですね。ラテン語でいえば原則として名詞には主格，属格，与格，対格，奪格，呼格など多くの格変化が基本形だけで３種類あり，対応する形容詞も同じように格変化するというとんでもない言語ですが，現代でもロシア語のようにそれと似た活用をするものがある。この複雑さを学べば英語の動詞の変化などに苦労するのがおかしく見えて来るはずなのにと思います。

しかしこういうように理論的な勉強をすることはないという変な時代になった。英語では，文法や読解を敵視する風潮が一般化している。

皆さんはAIという技術革新が，従来のどんな職業に大変化をもたらすことをお考えでしょうか。一番最初にいらなくなるのは何だと思いますか？多くの人がグローバルな社会で最も大切なのは英語会話能力だと思っているのですが，AI技術が進歩したら最初に要らなくなるのは，議論の内容が分かっていない下手な同時通訳でしょう。全部，機械的な自動翻訳にとって代わられます。自動翻訳以上に，音声認識技術は発達途上ですが，従来のような理論的なアプローチでなく，ビッグデータに基づく《力技》がそれなりに使えるレベルになって来ています。今ですら，自動翻訳のレベルはそこそこでありまして，まだ無料のものはなかなか高いレベルには達していませんけれども，どんどん良いものが開発されている。あと数年で劇的な改良がなされると思います。

しかし，数学史を勉強するのに使える外国語翻訳のレベルに達するにはまだまだずっと先でしょう。そもそもAIに必須のビッグデータがないからです。

国際会議で同時通訳のブースがなくなる，そんな日がもう目前にきている。そんなときにHow do you do? I'm Satoh. そんな「英語会話力」が必要なわけないでしょう。

英語以前に，数学の展開や因数分解の公式なども要らないではないか！そういう声も聞こえて来そうです。まさにその通りです。$(a+b)^2=a^2+2ab+b^2$こんなの覚えても何にもうれしくないですよね。同様に「平方完成」の技法$ax^2+bx+c=a\left(x+\frac{b}{2a}\right)^2-\frac{b^2-4ac}{2a}$なんて，子どもが払っている苦労に見合う成果があるのでしょうか。

英会話なんて何の役にも立つはずがないじゃないか。そういう時代に数学に何が求められているのか？これにきちんと答えるのが数学教育者の責任です。そのときに求められるものとして，私は，機械的な計算術でない，まさに数学があるんだという主張に最後にもっていきたいわけですが，その前に具体的なところを話してみましょう。

数学史が数学教育に対してなせること（1）

「数学史が数学教育に対して本当に貢献できることは何か」ということについて話をしたいと思います。

先ず1つは，近頃の学校教育が，数学本来の精神からますます遠ざかり，折り目正しさを失っていると感ずることが頻繁にあります。さっきの例ですが，展開公式，$(a+b)^2$と書いて，いくら教えてもa^2+b^2と答える生徒がいると「悩む」先生がいるんですが，a^2，a^3という記号法を×，××の省略記号として提案したのはデカルトですが，デカルトがこの提案をしてからこの記法が数学界に定着するまですごく時間がかかったんです。ニュートンだってライプニッツだって，もっと後のオイラーだってa^3を表すのにaaaと書いたんです。

そもそも$a \times a$をa^2と書くというのは，デカルトの勝手な発案です。a^2と書く代わりに，$2a$と書いてもいいわけですよね。全く問題ない。普通の$a+a$を$2a$と書くという約束を，逆転させて「$a \times a$を$2a$と書く，$a+a$をa^2と書く」と約束することもできたのです。そうすると$(a+b)^2$はa^2+b^2が正しいということです。

数学史のわずかな基礎教養があるだけで，近世になって人為的に創られた記号法に従わない生徒を「数学の名において叱る」という，数学の教師にあるまじき傲慢な原理主義者的間違いをおかさずに済みます。

もう少し詳しくお話ししましょう。文字式を指導するときに，子どもたちは，$3a+2a=5a$，$a^3 \times a^2=a^5$，こういう出発点ともいうべき基礎的な《約束事》が分かっていない生徒がいて，$3a+2a$を5^aとしたり$6a$としたりする生徒がいるということはごく自然なことではないでしょうか。これはデカルト流の記法の約束をマスターしているならば，与えられた問題は，それぞれ$(a+a+a)+(a+a)=a+a+a+a+a$，$(a\times a\times a)\times(a\times a)=a\times a\times a\times a\times a$ということですから，実は，加法と乗法の違いを除けばまったく同じなんです。片方を指数法則，片方を分配法則と読んで区別して「指導」する方が数学の教育としては少し硬直しすぎていると思いませんか。どういう記法の約束がもっとも合理的であるか——これは一意的に決まらない問題ですからデカルト流の方法が一世を風靡しているから私も含め多くの人がそれに従っているだけで，でも別に，それが《唯一の真理》というわけではないからです。

そういうことを理解するために，数学ができてきた歴史，例えば，デカルトが$a\times a$をa^2と，$a\times a\times a$をa^3と，$a\times a\times a\times a$を$a^4$と書いて，伝統的な$a$の「平方」とか，$a$の「立方」とか，$a$の「二重平方」とかというわけの分からない表現は人間の精神を混乱させるだけであるから排除すべきであるというデカルトの言葉に多くの教員が胸を打たれたときに，初めてこの記法のありがたさについて語ることができるようになるのだと思います。

数字の記号をアルファベットの右上に書くか左横に書くか，右上に書くか，その他左上，左下に書くか，いろんな自由があるのですが，そのうちの1つの記法がたまたま選ばれたにすぎないということが歴史を知ると分かってくる。

そして歴史の中でこの記法がなかなか定着しなかったというのも分かると，例えば文字式の規則を教えるときに，折り目正しく教えることができるのではないかと思います。

そうしないと先生方は文字式を教えるときに高等学校，中学校の教科書に書いてあることをそのまま守れないとお前は馬鹿だ，お前はなんで論理的に考えることができないんだと叱りつける，文字通り，不条理な不当弾圧をすることになり兼ねません。

「何回いったら“×”を省くということが分かるのか。$a \times b$ は ab と書くんだ」こういうふうに熱心に指導している先生がその舌の根も乾かぬうちに，「10の位が a，1の位は b の整数は$10a+b$ と書く」と自信をもって教えるんですね。「単に ab と書いたら絶対だめだぞ，これは $a \times b$ を意味するからだ。だから正しいのは$10a+b$ だ」って強調していますよね。

しかし，それでは10って何ですか？

これは文字式の規則に対する例外規則なんです。十進位取り記数法に関しては，文字式の規則は適用しないという《上位規定》があるんです。法律の世界でいえば憲法のようなものです。他方，文字式の規則は，道路交通法のような《下位規定》なんです。その割りに学校数学ではえらそうですね。

ここで論じたことは，「数と数の表現を区別する」ということです。簡単なことなのにこの概念的な区別が曖昧な人が多い。数を表現する人類の格闘ともいうべき歴史を少しでも知っていればこんなことはないと思います。

「代数的記号法」に関しては，私達はデカルト流の方法に倣ってやっていますが，デカルト流の方法ではない代数的記号法はいくらでもあるわけですね。特に難しいのはギリシャ時代のディオファントスの代数記号法で，これは解読が私達には絶望的なほど難しい。数をギリシャ文字に小さなアクセント記号のようなものをつけて表しているからです。「慣れれば簡単」なようで，現代でもギリシャでは使われていると聞きますが，慣れていない私たちには絶望的な印象を受けます。逆にいうと，デカルト流の記号法も，私達が苦労して慣れたからとても合理的に映るというだけで，慣れるまでは本当は難しい，私達は慣れるまで練習することによってこの記号法をマスターしたということを，数学教育者は理解すべきでしょう。ちょっとずつ慣れることによって，今日の記号法がそれなしでは数学ができないと思う境地にやっと至ったということを理解しないといけない。

そのほかにも零（れい），ゼロ zero の話とか，位取り記数法の話とか，SI 単位系の話とか，数学史の発展を視野におくと見えて来る興味深い話題がいろいろあります。

数学史が数学教育に対してなせること（2）

もう１つ大切な数学史の貢献のポイントは，「より豊かな数学教育で貢献することができる」ということです。ひとことでいうと，現代の数学教育の素材は，長い歴史の中で整理・洗練されてきたものでありますが，整理される前の《生き生きと研究されていた数学》とか，洗練される前の《あか抜けないが力強い数学》，それらは，「分かりやすい整理」を至上命題とする教科書には書かれていません。これは学校教育に限った話ではなく大学あるいは大学院以上では常識となっていますが，研究中の理論も,「一旦良い教科書が書かれたら，研究領域としての命は終わる」といいます。スマートに整理されたらもはや躍動感ある未開拓地の開拓事業は終わりだという意味です。

教科書に書かれているのは，完全に整理され，垢抜けた，洗練された数学であって，この数学は数学的な面白さがないですね。大学以降の数学でさえ，教科書として書かれたら終わりだったら，中学校や高等学校の数学は，もう何百年，あるいは数千年も前から教科書に書かれているわけですから数学としてはとっくの昔に終わっているわけですね。そのとっくの昔に終わっている数学を教えることが数学教育の最終ゴール，数学教師の目的だと思ってしまうと，結局のところ「知識の定着」とか「教材の消化」とか，そういうことにしか目がいかなくなってしまう。

私は今学校の先生とお話しすると，教材を消化するだけでもうとにかく忙しくて，大変だというんですが，なぜそんなことに忙しく感じるのか，逆に先生方にちょっと考えていただきたい。教師が教材を消化しなくても，教材を消化する仕事は子どもたちに任せればいいじゃないか。子どもたちが自発的に勉強するというふうにすればいいと思うんです。

そういうと決まって返って来るのが，「うちの子どもたちは自発性なんかに委ねたら絶対勉強しませんから！」と先生たちは必ず生徒の学習に責任を持とうとするんです。しかし先生がどんなに責任を持とうとしても，「馬に水を飲ませる」ような強引で結果として無駄で無益な徒労に過ぎないと思います。自発性が育たなければ数学の勉強は決して身に付くものではない。私は，そう思います。

ですから，たとえ整理された教科書のようなものでも自学自習の態度で望めば，教科書として洗練される前の数学を疑似的に体験することができます。教師の親切な指導 = お節介な介入なしに，数学の力強さ，面白さに触れることが少しはできる，ということです。

例えばの例として冒頭に取るにはいささか難しすぎるかと思いますが，例えばユークリッドの比例論，今回全部お話する時間はありませんが，ユークリッド（エウクレイデース）の『原論』（『ストイケア』）という本があります。13巻から成っていますが，有名な初等幾何について書かれているのはその第1巻であり，残りは必ずしも初等幾何の話題ではありません。特に重要なのは，「比例論」を主題としたその第5巻です。これは，非常に面倒な巻でありまして，一言でいえば「A：B＝C：Dとは何か？」ということを論理的に展開しているのですが，厄介なのは，A，B，C，Dが《数》でなく，《量》――今日でいえば実数――である点です。したがって，A：Bが整数で表現できない場合がある。現代的に書けば$\sqrt{2}:\sqrt[3]{2}$のような比です。それを整数だけで厳密に論じる「比例論」という方法が展開されている。

したがって，「内項の積と外項の積が等しい」と言うような素朴な説明では最初から無意味ですし，$\frac{B}{A}=\frac{D}{C}$と表現しても分数の変形規則を演繹しないとならないのでとりあえず無意味です。そもそも「比とはなにか？」「比の相等性とはなにか？」――このような出発点が定義されなければ，議論が始まらないからです。

第5巻の比例論というのは分かりやすくいってしまうと，デーデキントの『連続性と無理数』という有名なリーフレットで展開されたいわゆる《切断》のアイデアなんですね。現代でいえば，大学1年生が数学で最初に学ぶ「実数論」，それとピッタリ対応する問題であると説明すれば，古代の数学としてもかなり読みにくい部分であることは推察して頂けると思います。ここでは時間の関係から省かせて頂きますが，そのような比例の相等原理を利用することで，いろいろな幾何学的な定理，例えば，「同じ半径の円の扇形の弧の長さは中心角の大きさに比例する」という学校教育では証明されない「天の声」のように扱われている基本定理を，「同じ半径の円の等しい弧をもつ扇形の中心角は等しい」という扇形の合同定理から厳密に証明することができるのです。

証明されない命題を公理とも定理ともつかない中途半端な表現で，しかもゴシック体の枠囲みのように強調して数学として教えるのは数学に生きる人間としてひどく恥しい辛いことではないかと思いますが，ユークリッドの比例論をちょっとでも勉強する機会があれば，教科書の苦しいインチキを克服する道が見えて来るかもしれません。

数学史が数学教育に対してなせること（3）

似た話でもう１つ，最後に言いたいのは，「生徒の無理解への理解」です。生徒たちが理解していないということに対して，一般の教師は，自分は理解している側に立って，子どもたちの無理解をなだめる／なじる／激励するなど一方的な姿勢で済ませてしまいがちだと思います。私も昔，そのような教師の

1人でありました。

しかし，本当に正しい理解の依って立つ基盤というものを，より謙虚に，より深く理解すること——こういうことが数学史を通して次第にできるようになる。

例えば，1と0.9999…，という右側は9が無限に続くという循環小数ですが，これが左の1に等しいというと，生徒達は大いに疑問に思います。でも極限論法をちょっと習った先生方はこれについて何も難しくない。これは等しいんだと断言して終わりになる。

しかし，十進位取り記数法がたどってきた歴史，あるいは今は「コーシー列」と呼ばれる収束列，級数についての議論，19世紀におけるさまざまな解析学の面倒な議論が交わされて来た歴史を勉強していると，こういう問題についてより深い理解が得られると思います。子どもたちが「絶対に等しくない！」と言い張っているのを聞くと，きみたちいい疑問だね，これは大人になるとやがてその疑問が氷解することがあるかもしれないよと，そういうふうに教えることもできるかもしれないですね。

あるいは，今の中学校は，合同やら相似やらはやたら答案の採点がうるさくなっているんです。「対応する」三角形の「辺」の「長さ」が「それぞれ」等しいという文のどれか一つでも抜かすと，その度に減点するということが盛んになされているようですが，実は三角形の合同条件，相似条件がなぜ成り立つのか，という根本問題が全く証明されていないんですね。一番証明しなければいけないところを証明しないで，それ以外のささいな証明をうるさく要求する，実におかしなことだと思いませんか？そういうことに気が付くことができるというようなことです。

一番私が学校教育の中で甚だしいウソと思うのは，等積変形です。

「△ABC＝△A' BC。なぜならば，底辺を a，高さを h とすると，両辺とも面積は $\frac{1}{2}ah$ であるから」こういうのが教科書に堂々と書かれているんですね。

なんでこんな議論がまかり通るんですか。三角形の面積はなぜ $\frac{1}{2}$ ×底辺×高さで出せるのか，いつどこでどうやって証明されているのか，厳密さを求めることができない小学校の教科書ではともかく，中学校の教科書でも，高等学校の教科書でも証明されていません。

そしてさっき話の途中で終えてしまいましたが，面積の話に戻りますと，基本的には単位の長さをもつ正方形，単位長というのはなんでもいいんですが，私たちは，1メートルとか1センチメートルとか1尺とか，これらはどれも長さの単位です。単位長を1辺にする正方形の面積を基準として，これを1平方センチメートル，あるいは1平方尺，こう定義していくんですね。

長方形の２辺がその単位長の整数倍であれば，それを整数倍して面積がでてくる。ですから，例えば，縦横がそれぞれ n センチメートル，m センチメートルの長方形の面積が $nm\ \mathrm{cm}^2$ であることは簡単です。こういうふうに単位正方形の個数の問題だからです。問題は，辺長が単位長の整数倍であるとは限らないときにどうするかということですね。最初の段階で簡単にできるのは，隣り合う２辺の辺長 p と q がともに有理数の場合は，$p=\frac{n}{m}$，$q=\frac{N}{M}$ とおいて，与えられた長方形をそれぞれ縦横にそれぞれ m 倍，M 倍した大きな長方形を考えますと，この長方形の縦と横は整数 n，N になりますから，整数の場合の面積公式を適用することができて，その面積は $n\times N$ です。元の長方形と合同なものが $m\times M$ 個あって，こうなるのですから，全体を $m\times M$ で割れば面積がでる，というようにして，縦横が単位長の有理数倍の長方形のときは比較的簡単に証明ができます。

縦横が有理数である長方形の面積の公式の証明が昔は高等学校の数学の教科書に載っていました。昔の高校数学はそれくらい難しかった。

今は大学でさえこのことは扱わないのですが，やっかいなのは p，q が正の実数のときです。当然のことながら，p と q に収束する有理数列を考えて，有理数 p_n，q_n を使ってこれを一辺にもつ長方形の面積を考える，そしてそれが収束する先として，縦 p 横 q の長方形の面積が pq であることを証明するわけですが，それを証明するには，$\{p_n\}$ $\{q_n\}$ という有理数列が収束すれば p_n，q_n は $p \times q$ に収束するという高校の数学Ⅲでやる定理が必要で，しかし本当にこれを証明するには $\varepsilon - \delta$ 論法が必要，ということになりますから，中学，高校の範囲の数学では守備範囲をはるかに超えているということになります。

学校数学の中でしばしば登場する，しかしすごく危ない話は，三平方の定理を証明するときに，ユークリッド流の証明は難しいので，正方形，直角三角形の面積の計算を使った左図のような証明が「分かりやすい」と推奨されているという話です。a，b，c を辺にもつ直角三角形を考えて，外側の正方形の

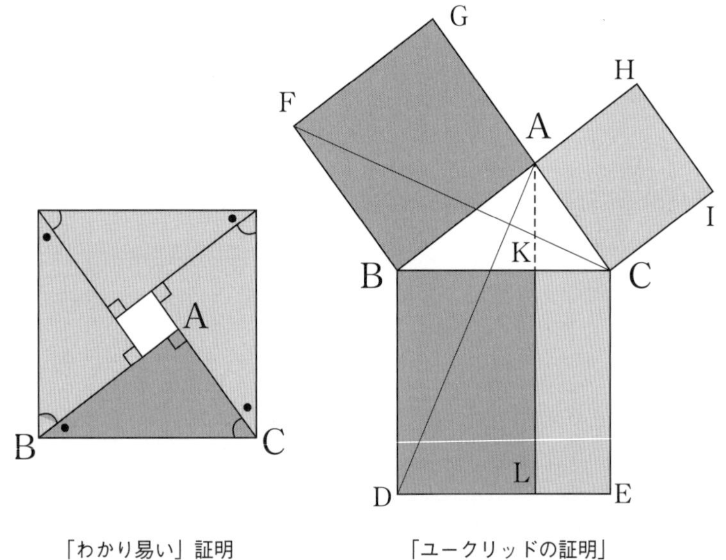

「わかり易い」証明　　「ユークリッドの証明」

面積を４つの直角三角形と真ん中の正方形の面積の和で表す，そうするとピタゴラスの定理がただちに証明される。この証明が分かりやすいと主張する先生がいらっしゃるんですが，私も分かりやすいということに関しては決して反対するものではないんですが，数学の証明にはなっていないんですね。証明の基本としている三角形，正方形の面積の計算公式が証明されていないからです。

現代の我々の立場から見ると，その『原論』にしても実は間違いだらけなんですね。ほとんど助けることができないというくらい，図の直観に頼った暗黙の命題を仮定してしまっているという論理的に致命的な欠陥が明らかになっています。

実は，数学の歴史が明らかにするのは，数学者はずっと間違いだらけをしてきた。そういう歴史の中で，人類文化の中でもっとも高尚な数学という特殊な文化が形成されて来たということなんです。論理的に完全な数学なんか，かつては一回もなかったといってもいいくらい多くの間違いをおかしてきました。

もちろん20世紀に入ってから数学が公理的な基礎の上に構築するという思想が生まれ，論理的な精緻さははるかに向上しました。それによって19世紀までの数学と20世紀以降の数学は，その記述のスタイルが大きく変化するわけですが，20世紀以降の数学の論理的な完全さの中には，実は集合論という定義できない一種の無定義概念があり，言ってみれば虚無的な無意味を基礎に抱えながら壮大な現代数学の体系が構築されている，ということです。現実の自然や宇宙と数学との関係は確実に存在するはずですが，それは不問にして良いという，一種の諦観の境地ですが，個々の数学者はその関係について楽観的です。自分の中に構築された数理世界はきっと何らかの自然を描写しているに違いないという信念といって良いかもしれません。

こういう視点は数学者自身の研究史によって，数学者でなくても数学史の研究によって獲得できるものであると思います。

数学史が数学教育に対してなせること（4）

実際のこの証明は，高等学校の数学を若干超えているんですね。皆さん数学科を卒業なさった方々だと思うので，この証明について現代的にはどういうふうに証明するかというと，三角形の面積は当然のことながら，二倍して長方形の面積の半分。長方形の面積の公式が分かれば，三角形の面積公式が分かる。長方形の面積公式 ab について，長方形の面積が縦と横で与えられるということをどうやって証明するか，これはなかなか難しいんです。どうして難しいかというと，実は面積とは何かという問題について小学校以来なんの定義も与えられていないんですね。実は人類が長さとか面積とか体積という問題について本当に深い反省をしたのは19世紀になってからでありまして，ニュートンもオイラーのような大天才でさえ，長さとか面積とか体積を簡単なものだと思っていた。かのアルキメデスでさえ，面積とは何か，体積とは何か議論をしていない。そのことを議論するのに一番基本になるのは長さなんですが，長さの問題が難しいと初めて気が付いたのは，有名な大数学者ルベーグですね。ルベーグ積分の名で今日では有名ですが，彼は有名な論文『積分，長さ，面積』において，長さとか面積を定義するときに，従来は古典的な定積分の概念を使っていたわけですが，定積分の概念を使って長さが定義できるとは限らないということに気が付いて，定積分の概念そのものを刷新しなければならないということに気が付くわけです。定積分に関する反省的な研究の最初は，19世紀のはじめ，数学者コーシーが与えた，閉区間上の連続関数に関する定積分を，区分求積的な矩形の面積和（しばしばリーマン和と呼ばれていますが歴史的には間違いです）の収束する極限値として厳密に定義できるという仕事でした。

それ以前の数学者は定積分の定義もきちんとしないまま，定積分の計算をやっていたんです。今高校生や大学生が定積分の定義も知らないで定積分の計算をしていると，大学の先生はよく文句を言いますが，ニュートンだってライプニッツだってオイラーだって，みんな定積分の厳密な定義は知らなかったんです。積分の計算ができるとか，そういう解析学の基礎概念が使いこなせるようになるということと，概念の明確な論理的定義ができるのとは全然別のことだったわけです。

定積分はようやく1821年あるいは1823年の頃にコーシーによってなされます。それ以前の数学者も定積分の定義をいろいろとしようとしていたんですが，コーシー以外の数学者は，極限値の概念の理論的な重要性に気が付いていなかったんですね。この極限概念の理論的な重要性に気づき，それをきちんと定義することによって微分や積分の基礎概念がきちっと定義できるという事実を発見したのがコーシーなんです。

高等学校の数学は，コーシーの仕事を受けて，極限値を先ず先頭にもって来るようにはしているんです。しかし，肝心の極限値の定義が欠落しているので，生意気にもというか，困ったことにというか，微妙[2]なんですが。ニュートンもライプニッツもオイラーも知らなかった極限について高校の検定教科書には「分かりやすく書いてある」のですが，肝心の極限値の定義がないんですね。学校数学では，h が限りなく 0 に近づくと，$f(h)$ が限りなく近づく値を $f(h)$ の，$h \to 0$ のときの極限値という，といい後は具体的な計算例で済ませています。$f(x)=x^2$ という例で，真面目な教科書であれば，

2 $\varepsilon-\delta$ 論法のように，論理的に精緻化することは高校段階では困難ですから「限りなく近付く」というような怪しい説明ですませているのは仕方ない面がありますがそれなら極限概念を先頭にもって来る必然性が見えなくなってしまうということです。

$f(x+h)=(x+h)^2$であるから$h\neq 0$ならば

$$\frac{f(x+h)-f(x)}{h}=\frac{2xh+h^2}{h}=2x+h$$ したがって,

$$\lim_{h\to 0}\frac{f(x+h)-f(x)}{h}=\lim_{h\to 0}(2x+h)=2x$$

というように書いてあるんですが，$h\neq 0$と断わっているものの最後の$\lim_{h\to 0}(2x+h)=2x$の計算では実質的にはhに0を代入しているわけです。

基礎的な概念に全く説明や明示的な定義が与えられていない――これは微積分に限らず学校数学全体の中にある典型的な弱点であり，微積分はそのような矛盾が噴出する問題単元の代表格です。

記号limがついている間は何とか良いのですが，最後の極限値を$h=0$を代入して求める部分がどうしようもない。一般的に書けば，「$\lim_{h\to 0} g(h)=g(0)$」という計算でありますが，なぜこの計算ができるのかというと，「関数$g(x)$が$x=0$で連続である」からであり，なぜ「関数$g(x)$が$x=0$で連続である」かというと，「$\lim_{h\to 0} g(h)=g(0)$」が成り立つから，という具合に循環論法になってしまう。

極限値が求める計算ができる，というのと，論理の循環を避ける理解が得られることの間には意外に大きな溝があり，これを超えるためには「限りなく近づく」という素朴な説明を超える知恵が必要であるわけです。

こういうことを最初に発見したのがコーシーというわけです。それでコーシーが今日の $\varepsilon-\delta$ 論法に相当する定義を与えたわけです。

$\varepsilon-\delta$ 論法を使わずに極限を全く論理的に定義しないで極限値とは何かというところから入る。これが高校数学の苦しいところでありまして，なぜ高校数学がこういうふうになってしまっているかというと，すでにコーシーが極限がいかに大事かということを現代数学が成立する暁の時代に発見し，現代数学はそこから出発していますから，私達はニュートンやオイラーの時代に戻るわけにはいかない。だから当然最初に極限概念というのを教えなければいけない。極限概念さえきちっと認めてもらえれば，そのあとに微積分学を折り目正しく作ることができる。そういうことを我々は知っているので教科書をそういうふうに作るわけですが，そのことを知らない子どもたちに極限を教えて，微分の定義をやって，というのは全く本当は筋が悪いというか，順番を間違えている，と言わざるをえない。歴史を間違って評価するという大間違いなんですね。

数学史が数学教育に対してなせること（5）

先生方に気を付けていただきたいのは，私はこのように言って，皆さんに $\varepsilon-\delta$ 論法から教えないと数学になりませんよ，と言っているのでは全然ありません。そうではなくて，子どもたちには必要に応じてウソを教えてもいいんです。若いやつにはウソは絶対必要，でもウソをついているときには，自分がウソをついているという心の痛みを持ってやってほしいと思うのです。

そういう教育に不可避のウソの場面で分からないという子どもたちがバカなのではなくて，分からない子どもたちにはちゃんとした理由，根拠がある。これが簡単に分かるというのでは，逆にバカである。数学がぱぱっと分かるという人間はよっぽど頭が悪い人。こんなことは本当は納得してはいけないんだ，ということもあるのです。

「もし正義の味方として人生生きていくんだったら，こんなことで数学が分かったなんて口が裂けても言うんじゃないぞ！」そう言わなければいけない。「中間テストで教科書のとおりに書けば満点とれるぞ！」そういうことを言うような先生であっては決してならないと思うんです。

今まで中学の数学の話題に触れて来なかったので，ちょっとだけ触れましょう。中学校の数学で私が中学の数学教員だったら，すごくいやだなと思うのは，関数概念の教育で同じxのような《文字》が，方程式では《未知数》として登場し，関数では《変数》として登場することです。この3つの概念的区別は，微妙な違いに見えますが数学の中での役割としては全く違います。中学生になって，文字を勉強して，次に未知数を勉強して，そして最後に変数を勉強すると段階的に，学習する側には連続的に進む。「関数になった途端に分からなくなる」という子どもがいると多くの先生から伺いました。私に言わせると分かるわけがない，教科書にあんなふうに書かれていて，と思うのです。

初めに文字を習いますね，文字式を習うときに，本当に子どもたちがなんでそれが分かるのかよく分かりませんが，子どもたちは文字式を何らかの具体的な形を通じて理解しますね。たぶん中１で文字式を理解していると思っている子どもたちは文字式に登場する文字のことを数だと思っているのでしょう。数の代わりだと思っているということです。「代数」という言葉がありますが，文字も数と同じものだ，数と同じように計算できるものだと思っているに違いありません。

大学で抽象代数学を勉強した人はお分かりだと思いますが，多項式などに登場する文字は「超越元」と呼ばれるもので，本当は数と全く違うものですね。「体の拡大」で重要な役割を演じますが，とりあえずは多項式環，有理式体では文字 x などにはいかなる意味もない。単に，x^2 とか x^3 や x^2+1 なども登場しますが，そういう演算は形式的なものであって，意味はない。

そういう超越元という難解な概念を中１の最初に勉強するんです。でも，そういうことは分かっていなくても文字はたぶん理解できるのでしょう。そしてデカルトがやったようなルールで文字式の計算の仕方をマスターするのです。aとbの積をabと表すというルールは，わずかながら書き換えがあるのでまだしも納得がいくでしょうが，aとbの和を$a+b$と表すというルールは，しばしば無視して教えられないので眠った子が眠ったままにしておくということもあるでしょうが，納得しにくいルールではないかと思います。自分が教師だったら，中学1年生の初々しい子どもから，「$a+b$って何なんですか？」と聞かれたらうろたえる以外にない。「5＋7って聞かれたら12と答えるんでしたよね!?」と畳み掛けられたら，「うーん」とうなってしまう。きっと「君の質問はとても難しいんだ。でもきっともうじき分かるようになると思うけど大事にすると良いよ」などと答えるのがせいぜいだと思います。$2a+3a$なら$5a$とわずかながら書き換えがあるのでまだしも納得がいくでしょうが$a+b$ではどうしようもない。

そしてやがて，未知数という言葉を習う。現場では，未知数と文字を区別していない先生がいるかもしれませんが，これは数学的にはかなりやばいことで，未知数と文字は役割が全く違います。その理由は，今は，高校生「数学Ⅱ」の多項式の割り算などで，幾分ですが，明らかになります。こういう文字式における文字は「ただの文字」ですが，未知数を表現する文字は，何らかの「求めたい，ある数」を代表／代弁している，数の代わりになっている文字なんです。おそらく子どもたちは，最初に文字式を学習するときに，すでに最初の段階では未知数の意味で文字を理解して，文字式を受容しているのではないかと思います。そして一元方程式の解法を通じて，未知数はありがたい考え方だなとつくづく思うわけですね。「未知数という文字xを使えばいいんだ！後は機械的な計算だけだ！」

方程式との出会いは，人生最大の喜びといっても良いくらいのものでしょう。数学が分かっているとは思えない政治ジャーナリストが，「方程式」という語句を使いたがることに，その時の喜びを見る思いをします。自分が本当には分かっていなかった，知る／悟る喜びほど，深いものはないのではないでしょうか。きっと大人になっても方程式との出会いの感動が残っているのだと思います。

私は，数学の教員は，他の教科の教員に比べて圧倒的に有利だと思うのは，数学においては，子どもたちに，このような決定的な悟りのチャンスを与えるという特権に恵まれているということだと思います。子どもたちにバカだと指導するのは賢明な教員とは思えません。子どもたち自身が，自分はなんとバカだったのか⁉と悟るように，子どもたち自ら言わせるように授業を組み立てる，そういう絶好のチャンスが数学教育の中には，いたるところに転がっている。私は今日，いくつかの話題についてお話しましたけれども，方程式における未知数もその典型の一つではないでしょうか。小学校のときの塾で算数の問題の難しい解法を学んできたときとは全く異なる方法で，小学校の問題をはるかに効率的に解くことができる。これは人間が成長した喜びですね。先程，悟りなどと難しい言葉を使いましたが，平たくいえば，「成長したことを実感する喜び」です。これに勝るものはないんじゃないかと思います。

最近の学校では，方程式にあまり時間をかけないと聞きます。生徒がすぐに理解するから，ということのようです。そして方程式を勉強したら，すぐ，比例，反比例に進み，1次関数に進むという運びのようです。

「どんどん先に進むことが大切だ」という信念をお持ちのベテラン教員が多いと聞きますが，私自身は，子どもに成長の喜びを実感させることは，はるかに大切なことで，未知数という言葉，考え方の威力の中に近代数学を作った数学者，典型的にはデカルトですが，彼の誇らしい気持ちを子どもたちにも実感できるようにさせてあげたらいいんじゃないかと思うんです。

一方，未知数に対して変数というのは全く違う，実はわけの分からない概念です。この変数という概念に最初に到達したのはデカルトと同時代の，デカルトよりはるかに数学的な天分に恵まれたフェルマーという数学者でした。フェルマーの大定理のあのフェルマーです。日本では，フェルマーという人が多いですが，フランス語の発音からいえば，フェルマのほうが近いと思います。彼は，デカルトとほとんど同時代の人ですが，数学的にはデカルトよりもはるかに数学ができた人で，数学史に大きな業績を残しています。あまり指摘されていませんが，彼は微分法の創始者でもありました。彼は独自の方法で極大，極小を求めるための巧みな方法を考案したのでした。それが今日でいえば微分法に相当するものです。

彼はその微分法を作る上で，本質的に重要だったのは，解析幾何という考え方で，解析幾何において登場する文字 x と y が，デカルトにとっては単に値を決定すべき未知数でした。2つの未知数を含む方程式が与えられ，未知数の一方の値が決まると，もう一方の未知数の値も決まる。そして求める点が決まって古来よりの難解な作図問題が解ける。デカルト的には解析幾何はそういうものでした。

一方，フェルマは曲線上の動点を考えると，x 座標，y 座標が伴って変わっていく。そういう感覚で以て初めて変数というアイディアに到達するわけです。

しかしこの変数という概念は論理的には極めて怪しいものです。「一つの文字が，まるで生物のように値を変化させていく」という主張自身がアニミズムに支配されている社会を連想させるようで奇妙です。

私自身も，中学校の教科書を見たんですが，説明が，びっくりするほど下手なんですね。y が x に伴って変わる変数であるとき，y を x の関数といい，$y=f(x)$ と表すという具合いです。教科書の中には「対応の規則」などもっと不可解な表現をしているものもあるようでした。しかし，「伴って変わる」とは一体なんでしょう。

私はこのことが理解できないということを理解できたのは，ニュートンが，変数という言葉を使わなかったからなんですね。ニュートンは変数という言葉を避けて，わざと流量 fluent を使ったんです。流量というのは今日の言葉でいうと，時間の関数で $x(t)$ のように表すもので，ニュートンは流量 x，y の間に今日的な記号で書けば $f(x,\ y)=0$ のような関係がつねにあるとき x，y の変化速度（ニュートン的には流率 fluxtion）$\dot{x}$，$\dot{y}$ の間に成り立つ関係，これが dx，dy の間に成り立つ関係ですが，これは数学史的にはひどいウソっぱちで，ニュートンは，決して $x(t)$，$y(t)$ のようには書かない。$x(t)$，$y(t)$ と書いたら，t に伴って変わると言わざるを得ない。ニュートンは，変数という言い方はしないで時間は，“根元的な種”であって，その根元的な種によって規定されるところの流量 x，y があったときに，x と y の流率を $\dot{x}$，$\dot{y}$ で表す。こういうわけの分からない言い方をわざとしたわけです。

なぜそうしたのか，私はずっと分からなかったんですが，あるとき，ニュートンは変数を嫌った，変数という言葉を使った途端に陥る論理的な循環，それをニュートンは嫌ったのだと気付きました。ニュートンほどの偉大な学者だからこそ気が付いた論理的な欠点なんですが，ニュートンによるこのアイディアは歴史の中では否定されてしまいます。

やがてニュートンの伝統を継承した人たち，イギリスの中ではニュートンの業績はしばらく残るんですが，基本的にドイツのほうが隆盛になったこともあり，ドイツにはベルヌーイとかオイラーとかいう大天才が現れる。イギリスのほうはドイツと比べると大天才という意味では若干さみしいところがありまして，もちろん有名なテイラーとかいろいろといるんですが，やっぱりドイツには比較にならないほどいました。ドイツの数学世界では，当時は変化し得る量，いまなら変数という概念がおもてだって使われており，18世紀の数学界を一人で代表するといわれるほどの大数学者オイラーが書いた『無限解析序説』は，その冒頭において，一言で言えば「変数xの式で表現されるものをxの関数という」という定義が与えられています。この書物はその後の約1世紀の間，微積分を発展させた解析学という分野の標準的な教科書として定着します。

でも本当は“伴って変わる”というのはえらい変な話であるわけで，例えば，ニュートンが引力の問題について万物の質量をもつ物体の間には普遍的な引力が働いているという万有引力の仮説を立てて，その仮説に基づいてケプラーの法則，ガリレオの法則を統一するという大統一理論を作るわけですが，どうして離れた物体の間に引力が働くのかについて説明することができなかった。ニュートンは最初，離れたある物体の間が神の感覚，神的感覚で満たされているという言い方をしたり，あるいはギリシャ時代，天の第５元素アイテールと呼ばれていた，今日，存在を否定されているエーテルを介して物体同士が引き合うんだと，「直接作用」を説明しようとしたんです。

離れた物体が何らかの媒体を経て直接的に作用している「近接作用」というのではうまく説明できないので，結局遠方から距離を隔てた「遠隔作用」で説明することにしました。

それにしても，その万有引力の法則にも相当するのが，私に言わせると“２つの変数が伴って変化する”という考え方なんですね。一種の不可視の《直接的な遠隔作用》論です！

したがって現代人のまともな感覚を持っている子どもたちには「伴って変化する」という考え方はなかなか理解しづらいことです。

しかし私自身は，才能のない少年でありましたから，関数概念をそういうふうに学んだときに，伴って変化する量として変数概念を理解していたということを告白しなければなりません。つまり数学を理解し，マスターするためには，頭の悪さとか教養のなさというのは時に，極めて重要でありまして，これでもし私が十分教養豊かだったならば，そのときに変数の概念を理解することを拒絶しなければならなかったと思うんです。

そういうことに対して数学教育の人がもし数学史を知っているならば，だいぶ違ったものの見方ができるだろうと思います。

やはり若者にはできるだけ本物を教えたい。夢を売るという言葉で以て押し付ける，あるいは努力して叶わないものについても努力すればできるなどと言ってみたり，そういうことはやはり許されない。

おわりに

時間を消耗し尽くしてしまいましたが，私は最後に学校教育法の危機というのは，私は数学教育において，数学的精神が伝えられていないということであると思います。これが最大の理由は，数学的精神とはなにか，あるいは，数学とは何か，これが明確に共有されていないからでしょう。私は結論的に数学とはなにか，数学的精神とは何かということを簡単に言うことはできないんですが，数学史的な理解，それを教員が少し持つことによって何のために人間が数学を学ばなければならないのかということについて少し理解することができると思うんです。有名な哲学者カントの言葉をもじったものですが，「数学のない教育は貧困である。歴史のない教育は盲目である」というふうに思います。

終わりにあたり

筆者は40歳を少し過ぎた頃から講演依頼を受ける頻度が以前より増した。それは，本書冒頭の章でやや詳しく述べたように，「数学教育との出会い」が本格的にはじまった結果である。従来の「数学史に関する大学での特別講義」ではなく現職の数学教員，主に高校の教員を対象とする講演機会が増加した。

しかし，全国いろいろなところに出向き，わが国特有の慣習であるが，講演中には出ないいろいろなご意見が講演が終わってからの非公式セッションで盛り上がるのを聞くにつけ[1]いろいろと新しい改革の想いが生まれ，それが，教科書や参考書，指導書の原稿の材料や動機づけになっていたものの，「自分自身の課題をほったらかしたまま，人様の前で講演するようなこと」（亡き母の叱責の言葉）をしていて良いのだろうか，という疑問が付きまとっていた。

1 教科書会社と学校教員との癒着がジャーナリズムの攻撃対象となり，最近では，批判を恐れる教科書会社が，その種のセッションの開催を一切「自粛」するという《萎縮路線》で足並みをそろえているようであるが，少しでもまともな教科書を作りたいと思う人にはばかげたcomplience（この言葉の英語の原語には「お追従（ついしょう）」の意味があることも知られていないのではないだろうか）のために，絶好の情報交換の機会が失われ，「より深刻な癒着」が素人には見えない水面下に隠れてしまった！

両親が他界する筆者の還暦の前後から，恩師藤田宏先生（東京大学名誉教授，TECUM執行名誉会員）がしばしばおっしゃっている「教育へのかかわりの基本は*Nonfame, Nonprofit*」，そして「世のため，人のため」という言葉の意味がようやく見えはじめ，自分の余生を少しでも役立てようと考えて，中学生・高校生から社会人に至るまで広い層の方々と数学を通じて話をするという機会をまた増やして行った。このような講演の最初のきっかけは放送大学奉職時代社会人相手の数学や情報処理の講義がきっかけであったかと思う。わが国では特に高校以下の学校で「一流大学に入学するために数学を勉強する」という風習が根拠なくいまも根強く残っているが，実は，「一流大学／大学院を卒業して一人前の社会人になったいまこそ理論的な数学を勉強したい」と真剣に考えている人が少なからず存在するという驚異的な現実に遭遇したのは筆者にとって好運であったと思う。その現実を巡る筆者自身の考察は，別の機会に譲るが，このような現実を作ってしまっている日本の大学も含めた数学教育の状況に対する問題意識とともに，いまも耳に残る「人間は一生が勉強」という亡母の言葉も気になって，《社会人になったからこそ分かる数学的体験》という主題に関心が移って行った。このような心境の変化を期に，それまで毛嫌いするように避けていた一般の方を相手とする講演依頼も時間が許す範囲で積極的に応ずるようになった。

このような社会人になっても数学への関心を抱き続ける方々が，いまの日本の数学教育を変革する力となってくれるかも知れないという自分勝手な期待をしていた面もある。確かに，「明日の授業に役立つ話」という目先の問題に関心が行きがちな現場教員と違う，新鮮な数学的関心と旺盛な興味で参加してくる聴衆の反応も面白いと感じていた。

しかしながら，その後，古稀の前後から，再び「明日の授業に役立てたい」という現場教員の切実感も大切であると思い直すようになり，「現場教員を相手にした講演」という，筆者の主な講演の「原点」に戻ったが，若い時代の講演にありがちだった「現代数学の立場から見た，間違いだらけの“受験数学”」という視点から，「日々の地味な教育活動をイキイキと再活性化するための工夫」とか「生徒の中にある様々な誤解，無理解の中に眠る知的な可能性への配慮」などに講演の強調点がシフトした。言い替えると，教育現場の切実な悩みに直接答える代わりに，「もう少し自分自分で勉強して見ると，明日以降の授業が楽しみになるようになる」と，自信をもって長期的に展望できるようになってもらうことを心がけるようになったということである。

膨大な講演・講義データの中から編集者が集めて本書に収めたのは，主としてこのような時期の講演である。

出来上がってみると，言いたりない点，より適切なものがありえたことなどが目立っていつもの自己嫌悪にさいなまれる。とりわけ首都圏の私立校教員に向けての講演を含みながら，私自身の郷里で格別に思いも深い長野県の県立高校の先生に向けての講演を本書に収録することで，「首都圏 vs. 地方」，「私立 vs. 公立」のバランスをとることができなかったのは返すがえすも残念である。この致命的欠点は，古稀を過ぎて認知症の進んだ老人のこととしてご寛恕願いたい。

なお，前著でも最後に触れさせていただいたことであるが，ここでも繰り返させていただきたい。

「悪貨は良貨を駆逐する」という古い時代の西欧の戯言は，いろいろな場面にいまでも有効であるが，数学教育に関して言えば，市場経済の原理が医療，法律だけでなく，教育にまで浸透して来ている現状は極めて深刻である。しかし，決して絶望的ではない。実際，このような絶望的な状況の中で精進を忘れぬ人々が数学教育の世界には，本書の読者を含め決して例外的な少数というほど少なくなく存在するからである。

筆者がとりあえず理事長を務めている特定非営利活動法人（いわゆる NPO 法人）TECUM は，教育，特に数学教育において，「悪貨」が「良貨」を駆逐しないように，現代数学へとつながる深遠な数学の研究への学理的関心を一つの中心に，そして，現代の数学教育のための新しい学理の実践的関心をもう一つの中心にした同志的な研究を共有することを通じて良質な教育の輪を少しでも拡大，応援して行きたいという希望をもって活動をはじめたものである。読者の中に，この輪に加わっていただける方がいらっしゃれば幸いこの上ない。この小さな希望が本書を通じてその輪を広げることができたら，編集者の煽(おだ)てにのって本書を上梓した著者もまさに冥利に尽きる気持である。

TECUMという法人名はラテン語（te cum）に由来するが，右に掲げるそのロゴは，ギリシャ語で言えば「ロゴス（学理）とプラクシス（実践）」という数学教育における二つの重要な中心的課題の緊張ある調和を目指すTECUMの活動目標を象徴している。

TECUMに関して詳しい情報はWebsiteであるhttps://www.tecum.world/を参照なさるか，さらに詳しい情報はemailで事務局*secretariat@flexcool.net*に気楽にお問い合わせいただきたい。

「所詮，子ども，されど子ども」という名台詞が示唆するように，大人が子どもに正しく接すれば，意外なほど，子どもは真実を見抜く力をもっているという希望を捨てないように今後も精進したいと思っている。

2020年10月19日

長岡 亮介

著者紹介

長岡 亮介（ながおか りょうすけ）

1947年　長野県長野市に生まれる。

1972年　東京大学理学部数学科を卒業。

1977年　東京大学大学院理学研究科博士課程を満期退学。数理哲学，数学史を専攻。
その後，津田塾大学講師・助教授，大東文化大学教授，放送大学教授を経て，

2012年　明治大学理工学部特任教授。
〜
2017年
現在　意欲ある若手数学教育者を支援するNPO法人TECUM（http://www.tecum.world/）理事長。

◆主な著書

『長岡亮介 線形代数入門講義―現代数学の“技法”と“心”』，
東京図書，2010年

『数学者の哲学・哲学者の数学―歴史を通じ現代を生きる思索』
共著，東京図書，2011年

『長岡先生の授業が聞ける高校数学の教科書数学』，旺文社，2011年
『総合的研究 数学Ⅰ＋A』『総合的研究 数学Ⅱ＋B』『総合的研究 数学Ⅲ』，旺文社，2012年，2013年，2014年
『東大の数学入試問題を楽しむ—数学のクラシック鑑賞』，日本評論社，2013年
『数学再入門—心に染みこむ数学の考え方』，日本評論社，2014年
『関数とは何か—近代数学史からのアプローチ』共著，近代科学社，2014年
『数学の森—大学必須数学の鳥観図』共著，東京図書，2015年
『新しい微積分（上）（下）』共著，講談社，2017年
『総合的研究　論理学で学ぶ数学—思考ツールとしてのロジック』，旺文社，2017年
『数学の二つの心』，日本評論社，2017年
『YouTubeで学べる　長岡先生の集中講義＋問題集　数学Ⅰ＋A＋Ⅱ＋B 上巻』，旺文社，2018年
『YouTubeで学べる長岡先生の集中講義＋問題集　数学Ⅲ』，旺文社，2018年
『数学的な思考とは何か—数学嫌いと思っていた人に読んで欲しい本』，技術評論社，2020年
『君たちは，数学で何を学ぶべきか—オンライン授業の時代にはぐくむ《自学》の力』，日本評論社，2020年

本当は私だって数学が好きだったんだ
～知りたかった本質へのアプローチ～

2020年12月4日　初版　第1刷発行

著　者　長岡 亮介
発行者　片岡　巖
発行所　株式会社技術評論社
東京都新宿区市谷左内町21-13
電話　03-3513-6150　販売促進部
03-3267-2270　書籍編集部

印刷／製本　株式会社加藤文明社

定価はカバーに表示してあります。

造本には細心の注意を払っておりますが、万一、乱丁（ページの乱れ）や落丁（ページの抜け）がございましたら、小社販売促進部までお送りください。送料小社負担にてお取り替えいたします。

●ブックデザイン　大森裕二
●カバー写真　表4：河野裕昭
●本文DTP　株式会社 森の印刷屋

ISBN978-4-297-11732-0　C3041
Printed in Japan